Zur Theorie des vollkommenen und unvollkommenen Brunnens

Ein Beitrag von

Dr.-Ing. Günther Nahrgang

Köln-Klettenberg

Aus dem Institut für Hydromechanik,
Stauanlagen und Wasserversorgung
der Technischen Hochschule Karlsruhe

Mit 23 Abbildungen

Springer-Verlag Berlin Heidelberg GmbH
1954

ISBN 978-3-662-22696-4   ISBN 978-3-662-24625-2 (eBook)
DOI 10.1007/978-3-662-24625-2

Alle Rechte, insbesondere das der Übersetzung in fremde Sprachen, vorbehalten.
Ohne ausdrückliche Genehmigung des Verlages ist es auch nicht gestattet,
dieses Buch oder Teile daraus auf photomechanischem Wege
(Photokopie, Mikrokopie) zu vervielfältigen.
Copyright 1954 by Springer-Verlag Berlin Heidelberg
Ursprünglich erschienen bei Springer-Verlag OHG. Berlin/Gottingen/Heidelberg 1954

Vorwort.

Beim Studium der einschlägigen Literatur stellt man das Fehlen einer einwandfreien Lösung des Problems des Vertikalbrunnens mit freier Oberfläche fest. Für den vollkommenen Brunnen wird meist die DUPUIT-THIEMsche Gleichung angegeben, die jedoch einer genauen Prüfung nicht standhält. Für den unvollkommenen Brunnen fehlt praktisch jede brauchbare Lösung. Das Ziel der vorliegenden Arbeit ist es, zumindest teilweise diese Lücke zu schließen.

Die Arbeit ist die etwas gekürzte Fassung meiner an der Technischen Hochschule Karlsruhe 1951 fertiggestellten Dr.-Ing.-Dissertation. Referent war Herr Professor Dr.-Ing. Dr.-Ing. E. h. PAUL BÖSS, Korreferent Herr Professor Dr.-Ing. HEINRICH WITTMANN. Die Arbeit entstand am Institut für Hydromechanik, Stauanlagen und Wasserversorgung Es ist mir eine angenehme Pflicht, dem Direktor dieses Institutes, meinem hochverehrten Lehrer und damaligen Chef, Herrn Professor Dr.-Ing. Dr.-Ing. E. h. PAUL BÖSS für die mir zuteil gewordene Unterstützung der Arbeit zu danken. Besonderen Dank schulde ich Herrn Reg.-Baurat Dr.-Ing. habil. MAX BREITENÖDER für wertvolle Ratschläge, insbesondere für die Anregung zur Anwendung eines von F. WEINIG angegebenen graphischen Verfahrens zur Lösung des Brunnenproblems.

K ö l n , im Mai 1954.

Günther Nahrgang.

Inhaltsverzeichnis.

Seite

A. Übersicht 1
B. Grundlagen 1
   1. Das DARCYsche Gesetz 1
   2. Ableitung der die axialsymmetrische Grundwasserströmung beschreibenden Differentialgleichungen 1
C. Verfahren zur Lösung der die Strömung zum Brunnen beschreibenden Differentialgleichungen ... 4
   1. Allgemeines 4
   2. Ansatz zu einer analytischen Lösung 4
   3. Die graphische Lösungsmethode 6
      a) Das Strom- und Potentialliniennetz S. 6 — b) Das Isotachennetz 6
D. Die Randbedingungen beim Brunnen 10
   1. Die Randbedingungen für den allgemeinsten Fall 10
      a) Die undurchlässige Schicht S. 11 — b) Der Abschnitt $\overline{CD}$ auf der Zylinderachse S. 11 — c) Die Brunnensohle S. 11 — d) Der Punkt E S. 11 — e) Der Punkt F S. 12 — f) Die Gerade $\overline{EF}$ S. 12 — g) Die Sickerstrecke S. 12 — h) Der Punkt G S. 15 — i) Die freie Oberfläche S. 15 — k) Der Punkt A S. 16 — l) Die Gerade $\overline{AB}$ S. 16 — m) Der Linienzug $\overline{ABC}$ S. 16
   2. Ableitung der Randbedingungen für einige Sonderfälle aus dem allgemeinsten Fall 16
      a) Der unvollkommene Brunnen mit völliger Absenkung S. 16 — b) Der vollkommene Brunnen mit völliger Absenkung S. 17 — c) Der vollkommene Brunnen mit nicht völliger Absenkung S. 17
E. Die Lösung der Brunnengleichung 17
   1. Betrachtungen zu einer analytischen Lösung 17
   2. Die graphisch untersuchten Brunnen 18
F. Die Auswertung der theoretischen Untersuchungen zum Teil zusammen mit Ergebnissen von Modellversuchen EHRENBERGERS 30
   1. Qualitativer Einfluß der verschiedenen, einen Brunnen bestimmenden Größen auf die Schüttung 30
      a) Einfluß von k_f S. 31 — b) Einfluß von H S. 31 — c) Einfluß von T S. 31 — d) Einfluß von R_i S. 31 — e) Einfluß von R_a S. 32 — f) Einfluß von h' S. 32
   2. Qualitativer Einfluß der veränderlichen Größen auf die Form der freien Oberfläche 32
      a) Einfluß von k_f S. 32 — b) Einfluß von H S. 33 — c) Einfluß von T S. 33 — d) Einfluß von R_i S. 33 — e) Einfluß von R_a S. 34

3. Quantitative Auswertung, zusammen mit Ergebnissen von Modellversuchen EHRENBERGERS 34
   a) Über die Ähnlichkeit bei Grundwasserströmungen S. 34 — b) Die EHRENBERGERschen Versuche S. 34 — c) Vergleich der EHRENBERGERschen Versuche mit den theoretisch untersuchten vollkommenen Brunnen. S. 35 — d) Einfluß von h' auf die Schüttung S. 37 — e) Einfluß von R_i S. 39 — f) Einfluß von R_a S. 40 — g) Einfluß von T S. 42

G. Zusammenfassung 42

A. Übersicht.

Ein Vertikalbrunnen ist ein zylinderförmiger, allseits völlig durchlässiger, vertikal in einem Grundwasserleiter abgeteufter Schacht. Beim vollkommenen Brunnen reicht dieser Schacht bis zur horizontal angenommenen, undurchlässigen Schicht, beim unvollkommenen Brunnen endet er schon oberhalb.

Unter Zugrundelegung des DARCYschen Gesetzes werden im folgenden mit den Hilfsmitteln der Potentialtheorie für einige spezielle Fälle Strömungs- und Geschwindigkeitsfeld des vollkommenen und unvollkommenen Brunnens bestimmt, das Ergebnis zum Teil mit Modellversuchen, die früher von anderer Seite durchgeführt worden sind, verglichen und aus allem, soweit möglich, eine allgemeine Beurteilung dieser Brunnen abgeleitet.

B. Grundlagen.

1. Das DARCYsche Gesetz.

Das DARCYsche Gesetz besagt, daß die Filtergeschwindigkeit v des Grundwassers proportional dem Standrohrspiegelgefälle J ist, d. h.

$$v = k_f \cdot J, \tag{1}$$

worin k_f den Proportionalitätsfaktor bedeutet, der mit Durchlässigkeitsziffer bezeichnet wird.

2. Ableitung der die axialsymmetrische Grundwasserströmung beschreibenden Differentialgleichungen.

Das Standrohrspiegelgefälle J ergibt sich in der Strömungsrichtung s zu

$$J = -\frac{dh}{ds}, \tag{2}$$

wenn dh das Differential der Standrohrspiegelhöhe sein soll.

Mit Gl. (2) ergibt sich aus Gl. (1)

$$v = -k_f \cdot \frac{dh}{ds}. \tag{3}$$

Rein formal kommt der Funktion

$$-k_f \cdot h \qquad \varphi \tag{4}$$

die gleiche Bedeutung zu wie dem Potential einer Potentialfunktion, denn, wie die Gl. (3) zeigt, ergibt die erste Ableitung dieser Gleichung nach dem Weg s die Geschwindigkeit.

Die Strömung zu einem Vertikalbrunnen, dessen Achse mit der Achse des zylinderförmig angenommenen, homogenen Grundwasserleiters zusammenfällt, ist axialsymmetrisch.

Führt man durch eine axialsymmetrische Strömung einen koaxialen ebenen Schnitt, so können aus Symmetriegründen keine senkrecht zu dieser Ebene, die im folgenden als Strömungsebene bezeichnet wird, verlaufenden Geschwindigkeitskomponenten existieren. Die Geschwindigkeit v liegt also in dieser Ebene und läßt sich in ihre beiden Komponenten v_r und v_z senkrecht und parallel zur Symmetrieachse zerlegen. Die Komponenten v_r und v_z ergeben sich zu

$$v_r = \frac{\partial}{\partial r}(-k_f \cdot h) \qquad (5)$$

und

$$v_z = \frac{\partial}{\partial z}(-k_f \cdot h)$$

oder mit Gl. (4)

$$v_r = \frac{\partial \varphi}{\partial r} \qquad (5a)$$

und

$$v_z = \frac{\partial \varphi}{\partial z}.$$

Schneidet man aus dem Strömungsgebiet das Körperdifferential gemäß Abb. 1 heraus, so gilt nach dem Kontinuitätsgesetz:

$$v_r \cdot \alpha \cdot r \cdot dz + v_z \cdot \alpha \cdot r \cdot dr = \left(v_r + \frac{\partial v_r}{\partial r}dr\right)\alpha \cdot (r+dr)\,dz + $$
$$+ \left(v_z + \frac{\partial v_z}{\partial z}dz\right)\alpha \cdot r \cdot dr$$

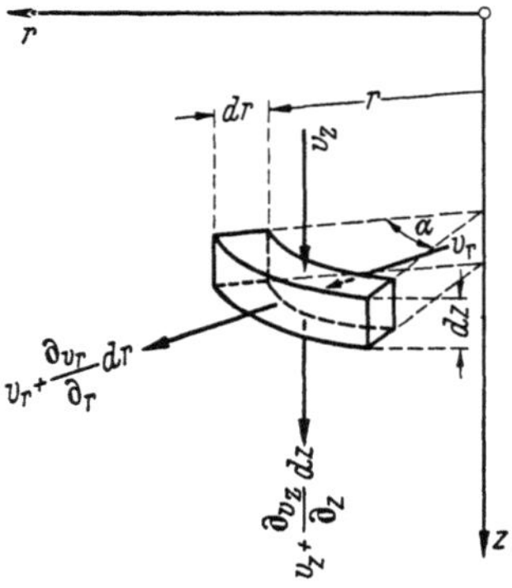

oder

$$\frac{\partial v_r}{\partial r} + \frac{1}{r} \cdot v_r + \frac{\partial v_z}{\partial z} = 0 \qquad (6)$$

und mit Gl. (5a) ergibt sich

$$\frac{\partial^2 \varphi}{\partial r^2} + \frac{1}{r}\frac{\partial \varphi}{\partial r} + \frac{\partial^2 \varphi}{\partial z^2} = 0. \qquad (7)$$

Abb. 1

Gl. (7) ist die die axialsymmetrische Potentialströmung beschreibende Differentialgleichung. Neben der Kontinuitätsbedingung muß bei einer Potentialströmung die Bedingung der Wirbelfreiheit erfüllt werden. Betrachtet man in der Strömungsebene den Punkt $P\,(r,z)$ und den Punkt

$P'(r + dr; z + dz)$ (siehe Abb. 2), so muß bei Wirbelfreiheit die Winkelgeschwindigkeit des Punktes P um P' null sein.

Mit den Bezeichnungen der Abb. 2 lautet die Bedingung der Wirbelfreiheit:

$$\frac{\partial v_r}{\partial z} \cdot \frac{dz}{dz} - \frac{\partial v_z}{\partial r} \cdot \frac{dr}{dr} = 0 \qquad (8)$$

oder $\qquad \dfrac{\partial v_r}{\partial z} - \dfrac{\partial v_z}{\partial r} = 0$.

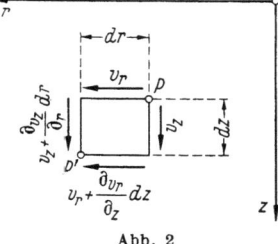

Abb. 2

Setzt man in (8) für v_r und v_z die Gl. (5a) ein, so ergibt sich

$$\frac{\partial^2 \varphi}{\partial r\,\partial z} - \frac{\partial^2 \varphi}{\partial z\,\partial r} = 0. \qquad (9)$$

Die Bedingung der Wirbelfreiheit ist damit erfüllt, die zu untersuchende Grundwasserströmung erfolgt nach den Gesetzen der Potentialtheorie.

Eine Potentialströmung ist in ihrem gesamten Bereich eindeutig durch die Ränder des Strömungsgebietes und die hierdurch gegebenen Randbedingungen bestimmt.

Verbindet man in einer solchen axialsymmetrischen Strömung alle Punkte mit gleichem Potential, so erhält man eine Potentialfläche; deren Schnittlinie mit der Strömungsebene ist eine Potentiallinie.

Die Potentialfläche ist eine Rotationsschale mit der Zylinderachse als Achse und mit der Potentiallinie als Erzeugende. Der Weg, den ein Flüssigkeitsteilchen im Strömungsbereich beschreibt, ist eine Stromlinie. Da nur Geschwindigkeitskomponenten v_r und v_z existieren, liegen sämtliche Stromlinien in der Strömungsebene. Die Stromlinien schneiden die Potentiallinien senkrecht, da sie in Richtung des größten Potentialgefälles verlaufen. Durch Rotation einer Stromlinie um die Zylinderachse entsteht eine Stromfläche.

Da sowohl Potentialflächen als auch Stromflächen bei der axialsymmetrischen Strömung Rotationsschalen mit der Zylinderachse als Drehachse sind, genügt zu ihrer Darstellung ihr Schnitt mit der Strömungsebene.

Abb. 3 sei für eine beliebige axialsymmetrische Strömung die Strömungsebene.

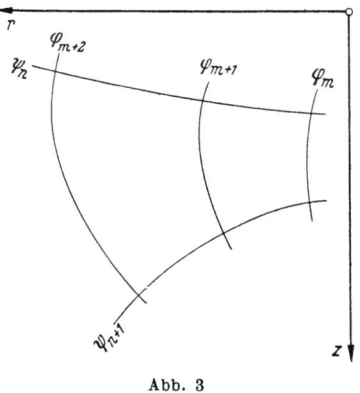

Abb. 3

Der durch einen koaxialen Ringabschnitt vom Öffnungswinkel α und der Dicke dz fließende Stromanteil ergibt sich zu

$$\frac{\partial \psi}{\partial z} dz = \alpha \cdot r \cdot v_r \cdot dz$$

und mit Gl. (5a)
$$\frac{\partial \psi}{\partial z} dz = \alpha \cdot r \cdot \frac{\partial \varphi}{\partial r} dz \qquad (10)$$
oder
$$\frac{\partial \psi}{\partial z} = \alpha\, r\, \frac{\partial \varphi}{\partial r}. \qquad (10a)$$

Für den in Abb. 3 dargestellten Fall wird $\frac{\partial \varphi}{\partial r}$ positiv. Analog ergibt sich
$$-\frac{\partial \psi}{\partial r} dr = \alpha \cdot r\, \frac{\partial \varphi}{\partial z} dr, \qquad (10b)$$
wobei zu beachten ist, daß, wie aus Abb. 3 ersichtlich, hier die linke Seite der Gl. (10b) negativ wird. Aus (10b) wird
$$-\frac{\partial \psi}{\partial r} = \alpha \cdot r \cdot \frac{\partial \varphi}{\partial z}. \qquad (10c)$$

Gl. (10a) und Gl. (10c) nach z bzw. r differentiiert, ergibt
$$\frac{\partial^2 \psi}{\partial z^2} = \alpha \cdot r \cdot \frac{\partial^2 \varphi}{\partial r\, \partial z} \qquad (11a)$$
und
$$-\frac{\partial^2 \psi}{\partial r^2} + \frac{1}{r} \frac{\partial \psi}{\partial r} = \alpha \cdot r \cdot \frac{\partial^2 \varphi}{\partial z\, \partial r}. \qquad (11b)$$

Subtrahiert man (11b) von (11a), so erhält man
$$\frac{\partial^2 \psi}{\partial r^2} - \frac{1}{r} \frac{\partial \psi}{\partial r} + \frac{\partial^2 \psi}{\partial z^2} = 0. \qquad (12)$$

Gl. (12) ist die Differentialgleichung der Stromfunktion.

C. Verfahren zur Lösung der die Strömung zum Brunnen beschreibenden Differentialgleichungen.

1. Allgemeines.

Zur Klärung der Probleme des vollkommenen und unvollkommenen Brunnens ist es notwendig, diejenigen Lösungen der Gln. (7) oder (12) zu finden, die den besonderen Randbedingungen jener Brunnen genügen.

2. Ansatz zu einer analytischen Lösung.

Am erstrebenswertesten ist eine analytische Lösung des Problems. Ein partikuläres Integral von Gl. (7) ist nach FRANK und v. MISES[1]
$$\varphi = R(r) \cdot Z(z). \qquad (13)$$

---

[1] FRANK und v. MISES: Die Diff. und Integralgleichungen der Mechanik und Physik, Braunschweig, Vieweg, 1935, 2. Auflage, S. 600.

Dann ist
$$\frac{\partial \varphi}{\partial r} = \frac{\partial R}{\partial r} \cdot Z$$
und
$$\frac{\partial^2 \varphi}{\partial r^2} = \frac{\partial^2 R}{\partial r^2} \cdot Z$$
sowie
$$\frac{\partial \varphi}{\partial z} = R \cdot \frac{\partial Z}{\partial z}$$
und
$$\frac{\partial^2 \varphi}{\partial z^2} = R \frac{\partial^2 Z}{\partial z^2}$$

(14)

Werden die Gln. (14) in Gl. (7) eingesetzt, so erhält man:
$$Z\left(\frac{\partial^2 R}{\partial r^2} + \frac{1}{r}\frac{\partial R}{\partial r}\right) + R\frac{\partial^2 Z}{\partial z^2} = 0. \tag{15}$$

Die Gl. (15) kann aber nur dann erfüllt sein, wenn
$$\frac{\partial^2 R}{\partial r^2} + \frac{1}{r}\frac{\partial R}{\partial r} = -R \cdot \lambda^2 \tag{16}$$
und
$$\frac{\partial^2 Z}{\partial z^2} = Z \cdot \lambda^2, \tag{17}$$
worin λ eine Konstante ist.

Durch Einsetzen von Gl. (16) und (17) in Gl. (15) kann man sich von der Richtigkeit überzeugen, nämlich
$$-Z \cdot R \cdot \lambda^2 + R \cdot Z \cdot \lambda^2 = 0.$$

Man erhält also die beiden gewöhnlichen Differentialgleichungen
$$\frac{d^2 R}{dr^2} + \frac{1}{r}\frac{dR}{dr} + \lambda^2 R = 0 \tag{16a}$$
und
$$\frac{d^2 Z}{dz^2} - \lambda^2 \cdot Z = 0. \tag{17a}$$

Die Lösung von Gl. (17a) ergibt sich zu
$$Z = A_1 \cdot e^{\lambda z} + A_2 \cdot e^{-\lambda z}, \tag{18}$$
worin A_1 und A_2 zwei neue Konstanten bedeuten.

Die Lösung von (16a) läßt sich auf eine Zylinderfunktion zurückführen. Wenn man in (16a) substituiert
$$\begin{aligned}\lambda \cdot r &= u \\ r &= \frac{u}{\lambda} \\ dr &= \frac{1}{\lambda} \cdot du\,,\end{aligned} \tag{19}$$

so ergibt sich
$$\lambda^2 \frac{d^2 R}{du^2} + \lambda^2 \frac{1}{u} \frac{dR}{du} + \lambda^2 R = 0$$
oder
$$\frac{d^2 R}{du^2} + \frac{1}{u} \frac{dR}{du} + R = 0. \tag{16b}$$

Die allgemeine Lösung von (16b) lautet
$$R = B_1 \cdot J_0(u) + B_2 Y_0(u)$$
und mit (19)
$$R = B_1 \cdot J_0(\lambda r) + B_2 Y_0(\lambda r). \tag{20}$$

In Gl. (20) bedeuten

$J_0(\lambda r)$ BESSELsche und
$Y_0(\lambda r)$ NEUMANNsche Funktionen nullter Ordnung

mit dem Argument λr sowie B_1 und B_2 zwei Konstanten. Mit den Gln. (18) und (20) lautet Gl. (13) und somit die allgemeine Lösung von Gl. (7)
$$\varphi = [B_1 J_0(\lambda r) + B_2 Y_0(\lambda r)](A_1 e^{\lambda z} + A_2 e^{-\lambda z}). \tag{21}$$

Die noch unbekannten Konstanten A_1, A_2, B_1, B_2 und λ müßten nun so bestimmt werden, daß die für die jeweils untersuchten Brunnen gültigen Randbedingungen erfüllt werden.

3. Die graphische Lösungsmethode.

Nun soll die Möglichkeit einer graphischen Lösung besprochen werden[1].

a) Das Strom- und Potentialliniennetz. Bezeichnet man mit dn das Differential einer Potentiallinie und mit ds dasjenige der Stromlinie, so erhält man, wenn α der Öffnungswinkel des Strömungsbereiches sein soll, das Differential des Stromes zu
$$d\psi = \alpha \cdot r \cdot dn \cdot v$$
und mit Gl. (3)
$$d\psi = \alpha \cdot r \cdot dn \frac{d\varphi}{ds} \tag{22}$$
was umgeformt
$$\frac{d\varphi}{d\psi} = \frac{ds}{dn} \cdot \frac{1}{\alpha \cdot r} \tag{22a}$$
ergibt.

Die in der Strömungsebene liegenden Scharen der Linien $\varphi =$ konst und $\psi =$ konst bilden ein Orthogonalnetz. Fordert man, daß der Wertunterschied zweier benachbarter Potentiallinien konstant
$$\varphi_{n+1} - \varphi_n = \vartheta\varphi \tag{23}$$

---

[1] WHINIG F.: Strömung in Saugrohren und deren Formgebung, Wakra u. Wawi (1938), Heft 3/4.

und außerdem der zweier Stromlinien
$$\psi_{m+1} - \psi_m = \vartheta\psi \tag{24}$$
sein soll und daß außerdem die Beziehung
$$\vartheta\varphi = \vartheta\psi \tag{25}$$
oder
$$\frac{\vartheta\varphi}{\vartheta\psi} = 1 \tag{25a}$$
besteht, so ergibt sich, wenn man in Gl. (22a) statt der Differentialausdrücke die Differenzausdrücke setzt:
$$\frac{\Delta\varphi}{\Delta\psi} = 1 \approx \frac{\Delta s}{\Delta n} \cdot \frac{1}{\alpha\, r} \tag{26}$$
und daraus
$$\Delta s = \alpha \cdot r \cdot \Delta n \tag{26a}$$
oder in Worten:

Die Scharen der Strom- und Potentiallinien bilden ein Netz von Kurvenrechtecken, deren Seiten Δs und Δn bei genügend kleiner Netzteilung sich verhalten wie das Produkt aus dem Abstand r des Rechtecks von der Zylinderachse mal dem Öffnungswinkel des Systems. Da im Falle eines Brunnens in der Regel der Öffnungswinkel 2π beträgt, so ergibt sich
$$\frac{\Delta s}{\Delta n} = 2\pi r. \tag{26b}$$

Der Winkel, unter dem sich die Diagonalen der Kurvenrechtecke schneiden, ergibt sich gemäß Abb. 4 aus
$$\operatorname{tg}\frac{\alpha}{2} = \frac{\Delta n}{\Delta s} = \frac{1}{2\pi r}$$
zu
$$\alpha = 2 \operatorname{arctg} \frac{1}{2\pi r}. \tag{27}$$

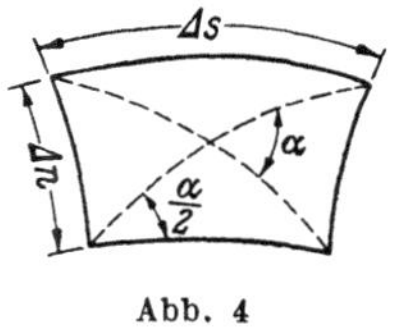

Abb. 4

Unter Erfüllung der Randbedingungen, der Bedingung der Orthogonalität und der durch die Gln. (26) und (27) angegebenen Gesetze über den Aufbau der Strom- und Potentialliniennetze läßt sich im Probierverfahren das Netz der Strom- und Potentiallinien zeichnen.

Hierdurch ist eine graphische Lösung der partiellen Diffgln. (7) und (12) gegeben.

b) Das Isotachennetz. Neben diesem eigentlichen Strömungsnetz und vielleicht noch mehr als dies interessiert das Geschwindigkeitsfeld der Grundwasserströmung zum Brunnen, wozu man durch folgende Beziehungen gelangt: Durch partielle Differentiation der Gln. (7) und (12) nach z erhält man

$$\frac{\partial^3 \varphi}{\partial r^2\, \partial z} + \frac{1}{r}\frac{\partial^2 \varphi}{\partial r\, \partial z} + \frac{\partial^3 \varphi}{\partial z^3} = 0$$

sowie

$$\frac{\partial^3 \psi}{\partial r^2\, \partial z} - \frac{1}{r}\frac{\partial^2 \psi}{\partial r\, \partial z} + \frac{\partial^3 \psi}{\partial z^3} = 0. \quad (28)$$

Da die Differentiationen der einzelnen Glieder der Gln. (28) in beliebiger Reihenfolge durchgeführt werden können, kann man unter Beachtung der Gln. (10a) und (10c) die Gl. (28) auch schreiben

und

$$\frac{\partial^2 v_z}{\partial r^2} + \frac{1}{r}\frac{\partial v_z}{\partial r} + \frac{\partial^2 v_z}{\partial z^2} = 0$$

$$\frac{\partial^2 (2\pi r \cdot v_r)}{\partial r^2} - \frac{1}{r}\frac{\partial (2\pi r \cdot v_r)}{\partial r} + \frac{\partial^2 (2\pi r \cdot v_r)}{\partial z^2} = 0. \quad (29)$$

Bildet man Gl. (8) um zu

$$\frac{\partial v_r}{\partial z} = \frac{\partial v_z}{\partial r} \quad (8\text{a})$$

und erweitert die linke Seite von (8a) mit $2\pi r$, so ergibt sich

$$\frac{1}{2\pi r} \cdot \frac{\partial (2\pi r \cdot v_r)}{\partial z} = \frac{\partial v_z}{\partial r}. \quad (30)$$

Bildet man außerdem Gl. (7) um zu

$$-\frac{\partial^2 \varphi}{\partial r^2} - \frac{1}{r}\frac{\partial \varphi}{\partial r} = \frac{\partial^2 \varphi}{\partial z^2}, \quad (7\text{a})$$

woraus mittels Gl. (5a)

$$-\frac{\partial v_r}{\partial r} - \frac{1}{r} \cdot v_r = \frac{\partial v_z}{\partial z} \quad (7\text{b})$$

wird, und erweitert die linke Seite von (7b) mit $2\pi r$, so erhält man

$$-\frac{1}{2\pi r}\left(2\pi r \frac{\partial v_r}{\partial r} + 2\pi v_r\right) = \frac{\partial v_z}{\partial z}$$

oder

$$-\frac{1}{2\pi r} \cdot \frac{\partial (2\pi r \cdot v_r)}{\partial r} = \frac{\partial v_z}{\partial z}. \quad (31)$$

Vergleicht man die Gln. (30) und (31) mit den Gln. (10a) und (10c) sowie die Gln. (29) mit den Gln. (7) und (12), so erkennt man:

Das Netz der Linien $v_z =$ konst und $2\pi r \cdot v_r =$ konst hat die gleichen Eigenschaften wie das Netz der Strom- und Potentiallinien. Die Linien $v_z =$ konst entsprechen den Potential-, die $2\pi r \cdot v_r =$ konst den Stromlinien.

Dieses Netz, im folgenden Isotachennetz genannt, gibt den gewünschten Aufschluß über das Geschwindigkeitsfeld der untersuchten axialsymmetrischen Strömung. Man erhält es durch Differentiation des Strömungsnetzes. Neben der Kenntnis der genauen Geschwindigkeitsverteilung gibt dieses Netz sehr gute Kontrollmöglichkeiten über die Genauigkeit des Strömungsnetzes, da das aus der Differentiation des Strömungsnetzes hervorgehende Isotachennetz denselben Gesetzen der Orthogonalität sowie den Gln. (26) und (27) gehorchen muß wie das Strömungsnetz. Hat man das Isotachennetz so lange verbessert, bis es den Rand- und Netzbedingungen gehorcht, so kann man daraus rückwärts durch graphische Integration ein recht genaues Strömungsnetz erhalten.

Zum Zwecke der Differentiation des Strömungsnetzes werden durch dieses Schnitte $r = $ konst und $z = $ konst gelegt und von jedem Schnitt φ und ψ über r und z aufgetragen. Durch graphische Differentiation der so erhaltenen Kurven erhält man gemäß den Gln. (5a), (10a) und (10c) aus

φ über r: $\quad \dfrac{\partial \varphi}{\partial r} = v_r$

und aus

ψ über r: $\quad \dfrac{\partial \psi}{\partial r} = -2\pi r \cdot v_z$

sowie aus

φ über z: $\quad \dfrac{\partial \varphi}{\partial z} = v_z$

und aus

ψ über z: $\quad \dfrac{\partial \psi}{\partial z} = 2\psi r \cdot v_r$.

Ist das Strömungsnetz richtig gezeichnet, so müssen die auf die verschiedenen möglichen Arten ermittelten v_r bzw. v_z für denselben Punkt denselben Wert haben.

Zeichnet man die Kurvenschar $2\pi r \cdot v_r = $ konst mit dem Wertunterschied

$$\vartheta(2\pi r \cdot v_r) = \text{konst}$$

von Kurve zu Kurve und dazu die Kurvenschar der $v_z = $ konst mit demselben konstanten Wertunterschied

$$\vartheta v_z = \vartheta(2\pi r \cdot v_r) = \text{konst},$$

so muß sich gemäß dem aus den Gln. (29), (30) und (31) hervorgehenden wieder ein aus krummlinigen Rechtecken bestehendes Netz ergeben, das dieselben Randbedingungen hat wie das Strömungsnetz.

Die Gln. (5a), (10a) und (10c) geben an, wie aus dem Strömungsnetz durch Differentiation das Isotachennetz gewonnen werden kann. Umgekehrt kann man durch Integration des Isotachennetzes das Strömungsnetz erhalten.

Die Integration der Gln. (5a) ergibt den Potentialverlauf zu

$$\varphi = \int v_r \, dr + C_1 \qquad (32a)$$

sowie
$$\varphi = \int v_z \, dz + C_2. \tag{32b}$$

Die Integration der Gln. (10a) und (10c) ergeben den Strom
$$\psi = -\int 2\pi r \, v_z \, dr + C_3 \tag{33a}$$
sowie
$$\psi = \int 2\pi r \, v_r \, dz + C_4. \tag{33b}$$

Die Integration von z. B. (32a) wird so durchgeführt, daß für ein $z = $ konst über r die zugehörigen, aus dem Isotachennetz entnommenen Werte für v_r aufgetragen werden. Die so erhaltene Kurve wird graphisch integriert, wobei sich die Konstante C_1 aus den Randbedingungen ergibt. Die Integrationen (32b), (33a) und (33b) werden analog durchgeführt. Bei richtig gezeichnetem Isotachennetz müssen die auf die verschiedenen Weisen ermittelten Werte für φ bzw. ψ gleich sein. Die Ermittlung des Gesamtstromes ψ_{gesamt} geschieht am besten mittels Gl. (33b), worin als Integrationsgrenzen die Randstromlinien einzusetzen sind.

Aus der Zahl der Stromlinien läßt sich die Schüttung wie folgt bestimmen: Ergibt die Netzkonstruktion $n + 1$ Stromlinien, so entspricht dies n Stromröhren mit dem Gesamtstrom
$$\psi_{gesamt} = n \, \vartheta \psi$$
oder, da
$$\vartheta \psi = \vartheta \varphi,$$
$$\psi_{gesamt} = n \cdot \vartheta \varphi. \tag{34}$$

D. Die Randbedingungen beim Brunnen.

1. Die Randbedingungen für den allgemeinsten Fall.

In Abb. 5 ist der allgemeinste Fall der zu untersuchenden Brunnen in der Strömungsebene dargestellt.

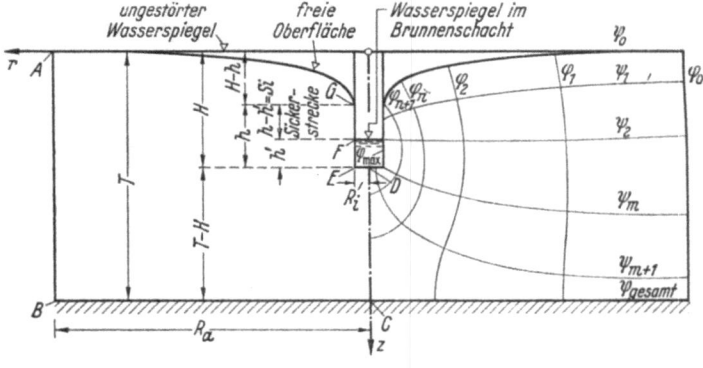

Abb. 5

Die Randbedingungen für den allgemeinsten Fall. 11

Mit den Bezeichnungen der Abb. 5 sind:
$r\ z$, Zylinderkoordinaten.
H Tiefe der vollkommen durchlässigen Brunnensohle unter dem ungestörten Grundwasserspiegel.
T Tiefe der horizontal verlaufenden, undurchlässigen Schicht unter dem ungestörten Grundwasserspiegel.
R_i Radius der zylinderförmigen, völlig durchlässigen Brunnenwand.
R_a Außenradius des zylinderförmig angenommenen Körpers der wasserführenden Schicht, der in einem unendlich groß ausgedehnten Wasserbecken steht.
h Höhe der Einmündung der freien Oberfläche über der Brunnensohle.
h' Höhe des Wasserspiegels im Brunnenschacht über dessen Sohle.
S_i Sickerstrecke.
$\varphi_{0,\,1},\ldots,\ _n =$ Potentiallinien.
$\Psi_{0,\,1},\ldots,\ _n =$ Stromlinien, wobei mit ψ_0 die die Randstromlinie bildende freie Oberfläche bezeichnet wird.

Als Nullhorizont für die Standrohrspiegelhöhe wird die Höhe des ungestörten Wasserspiegels mit $z = 0$ angenommen.

Für diesen allgemeinsten Fall eines Brunnens sollen die Randbedingungen angegeben werden. Durch stetigen Übergang zu einzelnen Sonderfällen wird gezeigt, wie diese sich sämtlich aus dem allgemeinsten Fall herleiten lassen.

Der allgemeinste Fall ist gemäß Abb. 5 definiert durch
$$T > H$$
und
$$h' > 0.$$

a) Die undurchlässige Schicht. Die Gerade $\overline{BC}$ ist als undurchlässige Schicht Stromlinie und deshalb gilt
$$v_z = 0.$$

b) Der Abschnitt $\overline{CD}$ auf der Zylinderachse. Aus Symmetriegründen ist auf der Geraden $\overline{CD}$
$$v_r = 0.$$

c) Die Brunnensohle. (Die Strecke $\overline{DE}$.) Die Brunnensohle $\overline{DE}$ ist Potentiallinie, damit wird, da sie horizontal verläuft
$$v_r = 0.$$

d) Der Punkt E. Entlang der Geraden $\overline{CD}$ und $\overline{DE}$ ist $v_r = 0$, dieser Linienzug fällt im Isotachennetz mit der Isotache $2\pi r \cdot v_r = 0$ zusammen, damit ist am Punkt $E\ v_r = 0$. Am Punkt C schneidet die Isotache $2\pi r \cdot v_r = 0$ die Isotache $v_z = 0$, die durch die undurchlässige Schicht gebildet wird. v_z muß daher von C in Richtung D auf der Isotache $2\pi r \cdot v_r = 0$ von null an wachsen, ist deshalb am Punkt E von null verschieden und ist, bezeichnet man nach unten gerichtetes v_z als positiv, negativ. Anderseits endet im Punkt E die mit dem Brunnenrand zu-

sammenfallende Potentiallinie $\overline{FE}$, die, da lotrecht verlaufend, gleichzeitig die Isotache $v_z = 0$ ist. Da im Punkt E sowohl
$$v_z = 0$$
als auch
$$v_z \neq 0$$
ist, muß er eine Quelle von v_z sein. Dann ist am Punkt E $v_r = \infty$.

Gleichzeitig ist $v_r = 0$, denn die Brunnensohle ist die Isotache $2\pi r \cdot v_r = 0$. Also ist hier auch eine Quelle von $2\pi r \cdot v_r$ und, da v_z negativ sein muß, wird
$$v_z = -\infty.$$

Der Punkt E ist also eine Doppelquelle von $2\pi r \cdot v_r$ und v_z mit dem Umfang von
$$0 \leq 2\pi r v_r \leq \infty$$
und
$$-\infty \leq v_z \leq 0.$$

e) Der Punkt F. Der Punkt F ist ein Punkt der Isotache $v_z = 0$ und gleichzeitig Endpunkt der weiter unten zu besprechenden Sickerstrecke $\overline{GF}$, die mit der Isotache $v_z = k_f$ zusammenfällt. Am Punkt F ist also
$$v_z = 0$$
und
$$v_z = k_f.$$
Er muß deshalb eine Quelle von v_z sein mit
$$v_r = \infty.$$
Der Umfang der Quelle geht von
$$0 \leq v_z \leq k_f.$$

f) Die Gerade $\overline{EF}$. α) Die Gerade $\overline{EF}$ ist Potentiallinie mit dem durch die Höhe des Wasserspiegels im Brunnen bestimmten Potential. Da sie lotrecht verläuft, fällt sie zusammen mit der Isotache $v_z = 0$. Ihr entlang gilt deshalb
$$\frac{\partial \varphi}{\partial z} = 0.$$

β) Die beiden Endpunkte E und F der Geraden sind die Einfach- und Doppelquelle mit jeweils $v_r = \infty$, sie selbst Isotache $v_z = 0$. Ihr entlang muß v_r von der einen Quelle kommend von ∞ zunächst abnehmen, um dann wieder auf ∞ bei der anderen Quelle anzuwachsen. Dies ist nur bei der Existenz eines Verzweigungspunktes der Isotache $v_z = 0$ möglich, der sich zwischen E und F befinden muß.

g) Die Sickerstrecke S_i. Durch den Einmündungspunkt G der freien Oberfläche in den Brunnenschacht und den Punkt F im Schacht auf der

Höhe des Wasserspiegels wird die Sickerstrecke S_i bestimmt, die einen Teil des Randes des Strömungsgebietes darstellt, ohne Strom- oder Potentiallinie zu sein.

α) Es soll zunächst der Sonderfall betrachtet werden mit
$$T = H$$
und
$$h' = 0$$
d. h. der vollkommene Brunnen mit völliger Wasserspiegelabsenkung.

Nimmt man an, daß in diesem Fall die freie Oberfläche an der Brunnensohle in den Schacht einmündet, also die Punkte G und F mit E zusammenfallen, so erkennt man, daß dies nur beim Vorhandensein einer Senke bei E im Strömungsfeld möglich ist. Eine Senke im Strömungsfeld erfordert ein ∞ großes Potential. Das größte zur Verfügung stehende Potential ist
$$\varphi_{max} = k_f \cdot H \,,$$
eine Senke ist also unmöglich.

Es muß daher zwischen den Punkten G und E eine Strecke, die Sickerstrecke S_i, existieren, durch die das Wasser in den Brunnen einströmt.

Denkt man sich den Wasserspiegel im Brunnen steigend, h' also von 0 an wachsend, so muß zumindest bis zu einem gewissen Wert von h' die Sickerstrecke weiterexistieren, denn mit wachsendem h' wächst auch h. Die Länge der Sickerstrecke ergibt sich zu
$$S_i = h - h'$$
und sie kann erst verschwinden, wenn
$$h = h'$$
geworden ist.

Ähnlich wie h' denke man sich T bei sonst festgehaltenen Abmessungen wachsend. Auch hier muß zumindest bis zu einem gewissen Wert für T die Sickerstrecke S_i weiterexistieren.

Denkt man sich h' und T gleichzeitig wachsend, so muß ebenfalls bis zu irgend einem Grenzwert die Sickerstrecke S_i existieren.

Wie weiter unten bewiesen wird, muß die freie Oberfläche tangential in die Sickerstrecke einmünden. Da die Strecke $\overline{EF}$ Potentiallinie ist, müssen die Stromlinien auf ihr senkrecht stehen. Denkt man sich die Sickerstrecke von irgend einem Grenzwert an als nicht mehr existierend, so muß die freie Oberfläche, die Stromlinie ist, ihre Richtung an ihrer Einmündungsstelle in den Brunnenschacht am Grenzwert unstetig um 90° drehen.

Dies ist jedoch nicht denkbar. Folglich muß die Sickerstrecke immer existieren und verschwindet erst bei der Absenkung 0, d. h., wenn
$$h = h' = H \,.$$

14 Die Randbedingungen beim Brunnen.

β) Ganz allgemein läßt sich die Existenz der Sickerstrecke durch folgendes beweisen. Nimmt man an, der Strömungsrand, durch den das Wasser den Filter verläßt, sei unter einem Winkel $\beta < 90°$ gegen die Horizontale geneigt, also flacher als lotrecht, so kann ein Einmünden der freien Oberfläche *normal* zum Strömungsrand nicht erfolgen, da sonst die Strömung an der Einmündungsstelle aufwärts gerichtet sein müßte, was an der freien Oberfläche unmöglich ist. Bei Nichtexistenz einer Sickerstrecke müßte aber die freie Oberfläche als Stromlinie auf dem eine Potentiallinie darstellenden Strömungsrand senkrecht einmünden. Nur im Falle einer Senke im Strömungsfeld an der Einmündung der freien Oberfläche am Strömungsrand wäre eine nicht aufwärts gerichtete freie Oberfläche an der Einmündung denkbar. Eine Senke erfordert aber ∞ großes Potential und ist, da dies nicht vorhanden, unmöglich.

Denkt man sich den oben genannten Winkel unendlich wenig kleiner als 90°, so muß die Sickerstrecke existieren. Würde beim Drehen des Strömungsrandes um diesen unendlich kleinen Winkel in die Lotrechte die Sickerstrecke verschwinden, so würde dies bedeuten, daß die freie Oberfläche plötzlich vom tangentialen zum normalen Einmünden ihre Richtung ändern und sich gleichzeitig um die Länge S_i der Sickerstrecke bis zum Wasserspiegel verschieben müßte; außerdem müßte die an der freien Oberfläche zunächst vorhandene Beschleunigung dem Rand zu in eine Verzögerung umschlagen.

Alles dies ist undenkbar.

Zusammenfassend kann gesagt werden:

Die Sickerstrecke existiert in jedem Fall einer Absenkung des Brunnenwasserspiegels.

Das Potential φ_{Si} entlang dieser Sickerstrecke ist gleich dem k_f-fachen Wert von z, da sie unter dem freien Außendruck steht, es ist also

$$\varphi_{Si} = k_f \cdot z.$$

Die Geschwindigkeitskomponente v_z in Richtung der Sickerstrecke ist dann

$$v_{Si} = \frac{\partial \varphi}{\partial z} = \frac{\partial(k_f z)}{\partial z} = k_f.$$

Schneidet eine Stromlinie unter dem Winkel α die Sickerstrecke, so ergibt sich die Geschwindigkeit v_s in Strömungsrichtung, wie aus Abb. 6 zu ersehen ist, zu $v_s = \dfrac{k_f}{\cos \alpha}$ und die Horizontalkomponente zu $v_r = k_f \operatorname{tg} \alpha$. Da am Punkt F $\alpha = 90°$ ist, wird hier

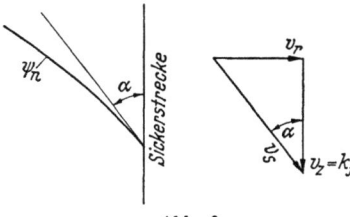

Abb. 6

$$v_r = v_s = \frac{k_f}{\cos 90°} = \infty$$

was weiter oben schon auf andere Weise bewiesen ist.

h) Der Punkt G. Der Punkt G ist Endpunkt der freien Oberfläche und Anfangspunkt der Sickerstrecke. Ganz allgemein ist festzustellen: Ist die Sickerstrecke unter dem Winkel β gegen die Horizontale geneigt, so ist die in die Richtung der Sickerstrecke fallende Geschwindigkeitskomponente

$$v_{Si} = k_f \cdot \sin \beta \, . \tag{35}$$

Wie weiter unten gezeigt wird, ergibt sich mit α als Neigungswinkel der freien Oberfläche an irgendeinem Punkte die Sickergeschwindigkeit in deren Richtung s_0 zu

$$v_{s_0} = k_f \sin \alpha \, . \tag{36}$$

Da der Mündungspunkt G der freien Oberfläche in der Sickerstrecke ein Punkt der freien Oberfläche und der Sickerstrecke ist, müssen sowohl die Gl. (35) als auch (36) an ihm erfüllt sein. Da aber vor Erreichen der Sickerstrecke die freie Oberfläche flacher als die Sickerstrecke geneigt ist, also $\sin \alpha < \sin \beta$, kann an diesem Punkt nur dann beiden Bedingungen entsprochen werden, wenn

$$\alpha = \beta \, ,$$

d. h. *die freie Oberfläche mündet tangential in die Sickerstrecke* [1].

Am Punkt G im Brunnen gilt also:

$$v_r = 0$$

und

$$v_z = k_f \, .$$

i) Die freie Oberfläche. Zwischen den Punkten A und G verläuft die freie Oberfläche. Da sie unter dem normalen Außendruck steht, ist bei ihr wie bei der Sickerstrecke

$$\varphi = k_f \cdot z \, .$$

Als Stromlinie ist die in ihrer Richtung s auftretende Sickergeschwindigkeit

$$v_{s_0} = k_f \frac{dz}{ds_0}$$

oder

$$v_{s_0} = k_f \cdot \sin \alpha \, , \tag{36}$$

wenn α der Winkel ist, den die Tangente an die freie Oberfläche mit der Waagerechten einschließt.

Die Gleichung der freien Oberfläche mit den Koordinaten $\bar{r}$ und $\bar{z}$ lautet gemäß Gl. (33b).

$$2\pi \bar{r} \int_{\bar{z}}^{T} v_r \, dz = \psi_{gesamt} \, , \tag{37}$$

---

[1] DACHLER, R.: Grundwasserströmung, Wien 1936, S. 107 mit Hinweis auf P. NEMENYI.

denn durch die Linien $r =$ konst. muß in den angegebenen Grenzen der der gesamte Strom fließen.

k) Der Punkt A. Am Punkt A ist
$$\varphi = 0 \; ;$$
außerdem ist
$$v_z = 0,$$
da die Parallele $r = R_a$ zur Zylinderachse Potentiallinie ist und daher
$$\frac{\partial \varphi}{\partial z} = 0$$
wird.

Da der Punkt A auf der freien Oberfläche liegt, ergibt sich die Horizontalkomponente der Sickergeschwindigkeit gemäß Gl. (36) zu
$$v_r = k_f \cdot \sin 0 = 0,$$
da die freie Oberfläche senkrecht zur lotrecht verlaufenden Randpotentiallinie $\overline{AB}$ steht.

l) Die Gerade $\overline{AB}$. Die Gerade $\overline{AB}$ ist als äußere Begrenzung des zylinderförmigen Filterkörpers Potentiallinie φ_0; da sie lotrecht verläuft, wird
$$v_z = 0.$$

m) Der Linienzug $\overline{ABC}$. Der Linienzug $\overline{ABC}$ fällt zusammen mit der Isotache $v_z = 0$. Bei A ist $v_r = 0$ und muß in Richtung auf B zunächst anwachsen, um bei C wieder auf 0 abzusinken. Die Werte für $2 \pi r \cdot v_r$ erreichen daher entlang diesem Linienzug zwischen A und C von null an wachsend an einem Punkt ein Maximum. Dies ist nur möglich, wenn dort die Isotache $v_z = 0$ sich verzweigt. Der hier abzweigende Ast der Isotache $v_z = 0$ verläuft durch das Geschwindigkeitsfeld, um in den unter f) β) genannten Verzweigungspunkt auf der Geraden $\overline{EF}$ einzumünden.

2. Ableitung der Randbedingungen für einige Sonderfälle aus dem allgemeinsten Fall.

a) Der unvollkommene Brunnen mit völliger Absenkung. Läßt man h' gegen 0 gehen, so wandert der Punkt F zum Punkt E. Die Einfachquelle von v_z am Punkt F vereinigt sich mit der Doppelquelle von v_r und v_z am Punkt E und vergrößert dadurch deren Umfang auf
$$0 \leq v_r \leq \infty$$
und
$$-\infty \leq v_z \leq k_f.$$
Der Verzweigungspunkt auf der Geraden $\overline{EF}$ verschwindet mit dieser Geraden, die vom Verzweigungspunkt auf dem Linienzug $\overline{ABC}$ aus-

gehende Isotache $v_z = 0$ endigt im Punkt E. Es ist dies der unvollkommene Brunnen mit völliger Absenkung.

b) Der vollkommene Brunnen mit völliger Absenkung. Läßt man, nachdem $h' = 0$ geworden ist, $T \to H$ gehen, so fällt die vom Verzweigungspunkt mit dem Linienzug $\overline{ABC}$ zum Punkt E verlaufende Isotache $v_z = 0$ mit der von B nach C verlaufenden Isotache $v_z = 0$ zusammen. Die zwischen diesen beiden Isotachen am Punkt E gelegene Doppelquelle verschwindet, erhalten bleibt nur noch bei E die Einfachquelle von v_z mit dem Umfang

$$0 \leq v_z \leq k_f.$$

Es ist dies der vollkommene Brunnen mit völliger Absenkung.

c) Der vollkommene Brunnen mit nicht völliger Absenkung. Läßt man beim Brunnen mit

$$T = H$$

h' von null an wachsen, so wandert der bei E gelegene Punkt F nach oben und mit ihm die Einfachquelle von v_z. Der Linienzug $\overline{ABEF}$ ist Isotache $v_z = 0$, auf ihm entlang wächst von null bei A v_r bis auf ∞ bei F an. Die für $T > H$ bei E vorhandene Doppelquelle bleibt wie schon beim vollkommenen Brunnen mit völliger Absenkung verschwunden.

Es ist dies der vollkommene Brunnen mit nicht völliger Absenkung, der allgemeine Fall des vollkommenen Brunnens.

E. Die Lösung der Brunnengleichung.

1. Betrachtungen zu einer analytischen Lösung.

Im Abschnitt C. 2. wurde der Ansatz zu einer analytischen Lösung der Brunnengleichung gemacht. Die in der gefundenen allgemeinen Lösung noch unbestimmten Konstanten müßten mit Hilfe der im vorangegangenen Abschnitt besprochenen Randbedingungen ermittelt werden.

Ob aber bei der Kompliziertheit der dort angegebenen Randbedingungen dies in einer für einen Ingenieur noch brauchbaren Weise möglich ist, scheint zweifelhaft.

KOZENY[1] gibt eine analytische Lösung der Gl. (7), wofür er einen ähnlichen Weg einschlägt, wie er unter C. 2. angegeben ist. Durch seine Lösung wird aber die wichtigste Randbedingung, nämlich die der Sickerstrecke, *nicht erfüllt*, weshalb sie nicht exakt ist. Es ist deshalb auch nicht verwunderlich, daß sie mit dem Ergebnis von Versuchen EHRENBERGERS, auf die weiter unten eingehend eingegangen werden soll, nicht übereinstimmt.

---

[1] KOZENY: Über Grundwasserbewegung, Wakra und Wawi 1927/28 Heft 8.

2. Die graphisch untersuchten Brunnen.

Nachdem eine analytische Lösung ausscheidet, wird von der graphischen Methode Gebrauch gemacht, um für einige spezielle Fälle Strömungs- und Isotachennetz aufzufinden. Mit Hilfe des in Abschnitt C. 3. dargestellten Verfahrens wurde unter Einhaltung der im Abschnitt D. abgeleiteten Randbedingungen für die vier Fälle:

Unvollkommener Brunnen mit nicht völliger Absenkung,
   im folgenden mit Brunnen 1 bezeichnet,
Unvollkommener Brunnen mit völliger Absenkung,
   im folgenden mit Brunnen 2 bezeichnet,
Vollkommener Brunnen mit völliger Absenkung,
   im folgenden mit Brunnen 3 und
Vollkommener Brunnen mit nicht völliger Absenkung,
   im folgenden mit Brunnen 4 bezeichnet,

Strömungs- und Isotachennetz ermittelt.

a) Mit den Bezeichnungen der Abb. 5 wurden mit L als Längeneinheit für Brunnen 1 folgende Abmessungen gewählt:

$$H = 0{,}400\,L$$
$$R_a = 0{,}950\,L$$
$$R_i = 0{,}035\,L$$
$$h' = 0{,}238\,L$$
$$T = 0{,}800\,L = 2H.$$

Das gesamte zur Verfügung stehende Potential ergibt sich zu

$$\varphi_{max} = (H - h')\,k_f = 0{,}162\,L\,k_f\,.$$

Der Potentialunterschied zwischen zwei benachbarten Potentiallinien wird zu

$$\vartheta\,\varphi = \frac{k_f \cdot H}{20} = \frac{0{,}4\,L}{20}\,k_f$$

und k_f selbst aus Zweckmäßigkeitsgründen zu

$$k_f = 100\,\frac{L}{t}$$

angenommen, worin t die Zeiteinheit bedeutet.

Abb. 7 zeigt das Strömungsnetz und Abb. 8 das Isotachennetz dieses Brunnens. Auf Abb. 9 ist der Verlauf von v_r für $r = R_a$ sowie der Verlauf der normal zum Brunnenschacht gerichteten Geschwindigkeitskomponenten aufgetragen.

Folgendes ist durch die Netze Abb. 7 und Abb. 8 bestimmt:

1. Die Sickerstrecke S_i ergibt sich durch die Strecke h. Bei Netz 1 wird

$$h = 0{,}270\,L \quad \text{und damit}$$
$$S_i = h - h' = 0{,}270 - 0{,}238 = 0{,}032\,L\,.$$

Die graphisch untersuchten Brunnen. 19

2. Das Potentialgefälle an der freien Oberfläche erreicht am Punkt G mit 1 sein Maximum, es ist im Vergleich zu den im Strömungsfeld auf-

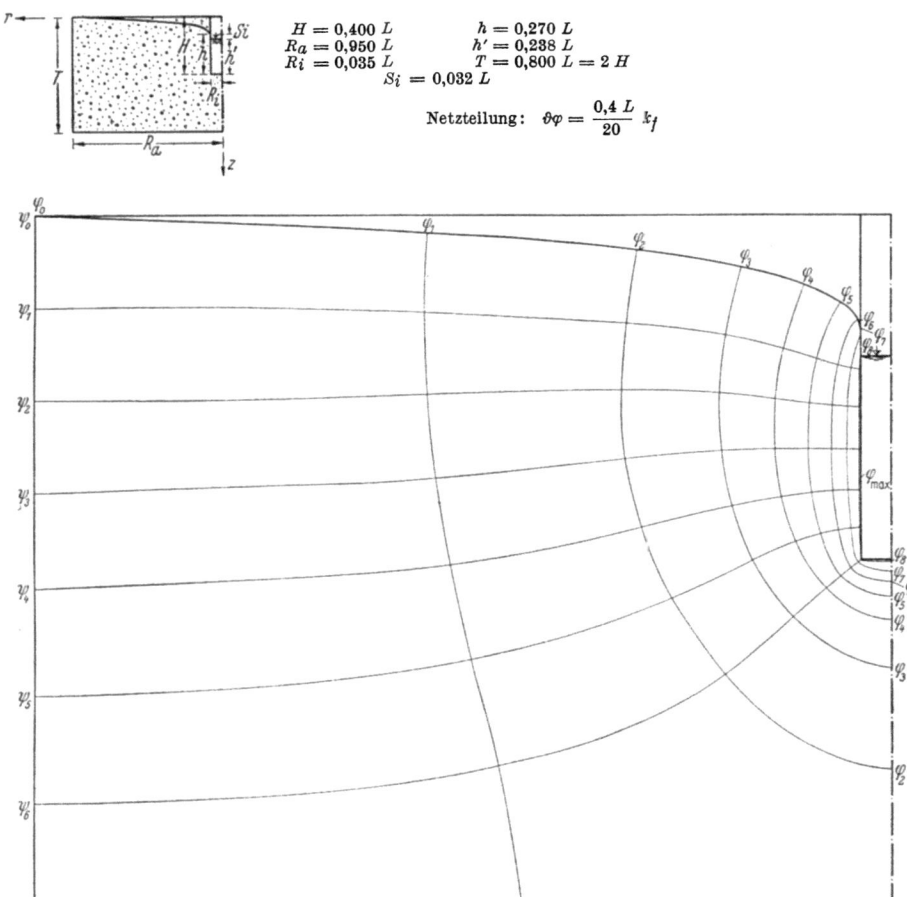

Abb. 7. Strömungsnetz des unvollkommenen Brunnens mit nicht völliger Absenkung.

tretenden Werten klein. Auf den beiden in je einer der Quellen im Isotachennetz bei den Punkten E und F auslaufenden Stromlinien wird jeweils am Quellpunkt das Potentialgefälle ∞ erreicht.

3. Die Geschwindigkeiten in Schnitten $r =$ konst. nehmen im Intervall

$$0{,}10\, L \leq r \leq R_a$$

von der freien Oberfläche nach unten gehend zunächst zu, um nach

20 Die Lösung der Brunnengleichung.

Überschreiten eines Maximums bis zur undurchlässigen Schicht wieder abzunehmen.

Etwa ab $r = 0,10\ L$ und für kleinere Werte von r beginnen sich zwei Maxima auszubilden, die für $r = R_i$ an den Punkten E und F jeweils unendlich große Geschwindigkeiten ergeben.

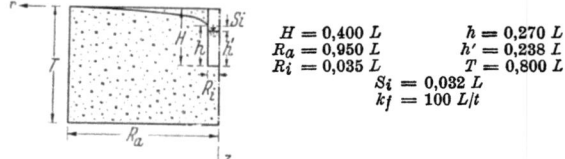

$$H = 0,400\ L \qquad h = 0,270\ L$$
$$R_a = 0,950\ L \qquad h' = 0,238\ L$$
$$R_i = 0,035\ L \qquad T = 0,800\ L$$
$$S_i = 0,032\ L$$
$$k_f = 100\ L/t$$

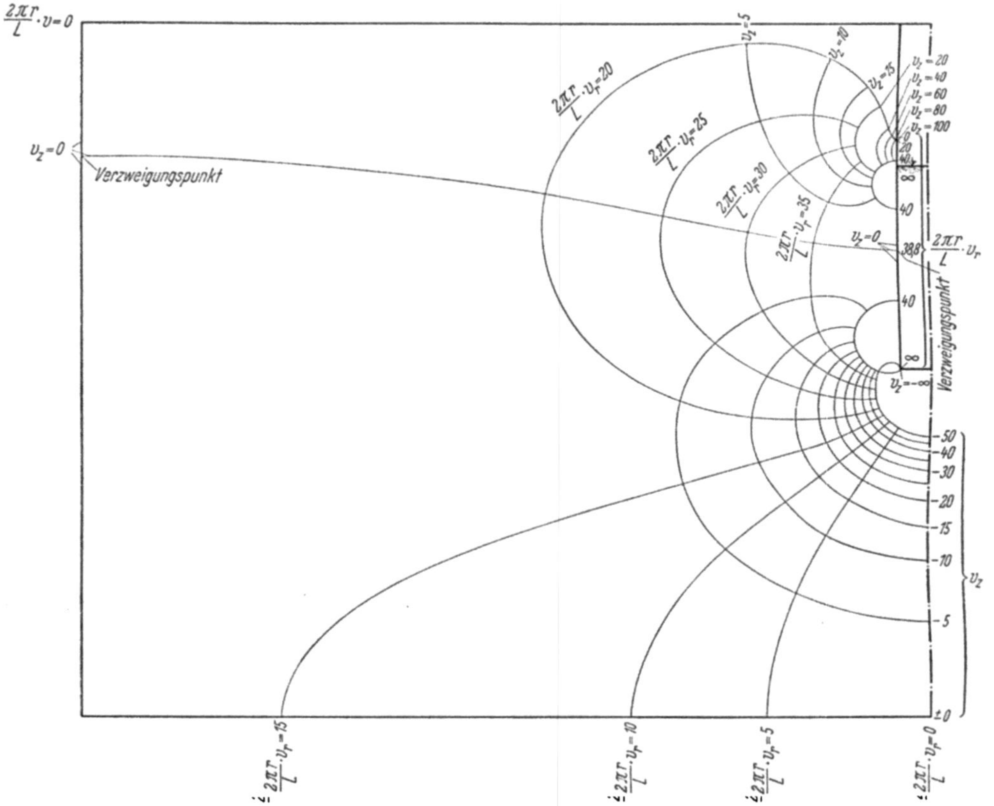

Abb. 8. Isotachennetz des unvollkommenen Brunnens mit nicht völliger Absenkung.

4. Das größte positive, also abwärts gerichtete v_z tritt mit $v_z = k_f$ entlang der Sickerstrecke auf, während es seinen größten negativen, also aufwärts gerichteten Wert mit $v_z = -\infty$ in der Doppelquelle im Punkt E erreicht.

5. Die beiden Verzweigungspunkte der Isotache $v_z = 0$, deren Existenz im Abschnitt D bewiesen wurde, liegen auf den Punkten P ($r = R_i$; $z = 0{,}262\,L$) und P ($r = R_a$; $z = 0{,}152\,L$). Der zwischen diesen beiden Verzweigungspunkten verlaufende Ast der Isotache $v_z = 0$ teilt das gesamte Strömungsfeld

α) in einen über ihm befindlichen Teil, indem v_z nur positiv ist, die Strömung also stets abwärts gerichtet ist oder zumindest horizontal verläuft und

β) in den unter ihm liegenden Teil des Strömungsfeldes mit nur negativem v_z, d. h. mit stets aufwärts gerichteter Strömung.

6. Die Schüttung Q des Brunnens oder der Gesamtstrom ψ_{gesamt} läßt sich sowohl mittels der Gl. (33b) als auch durch Gl. (34) ermitteln. Aus dem Strömungsnetz entnimmt man die Zahl der Stromröhren zu

$$n = 7{,}0$$

und somit wird mit Gl. (34)

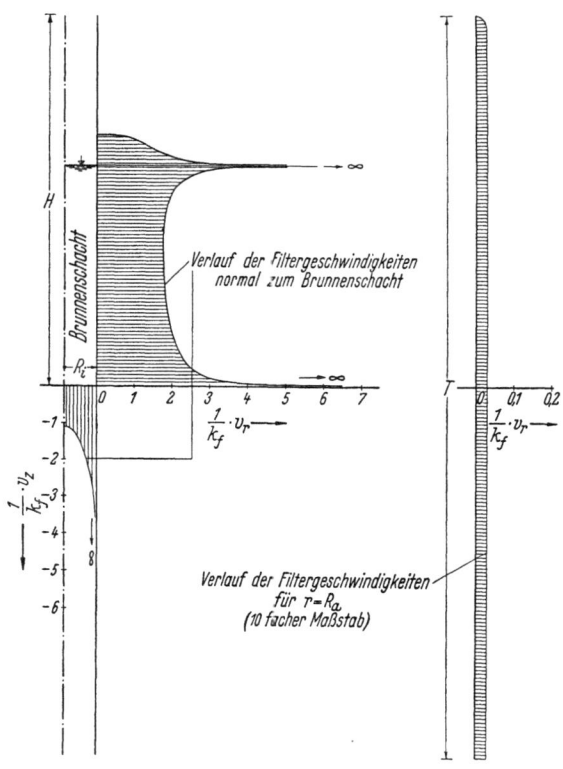

Abb. 9. Filtergeschwindigkeiten beim unvollkommenen Brunnen mit nicht völliger Absenkung.

$$\psi_{gesamt} = n \cdot \vartheta\,\varphi = 7{,}0 \frac{0{,}4 \cdot 100}{20} = 14{,}0 \frac{L^3}{t}.$$

Die Integrationen (33b) ergeben für

$$r = R_a: \quad \psi_{gesamt} = 13{,}76\,\frac{L^3}{t} \quad \text{und für}$$

$$r = 0{,}097\,L: \quad \psi_{gesamt} = 14{,}19\,\frac{L^3}{t}\,. \quad \text{so daß sich im Mittel}$$

$$\psi_{gesamt} = 13{,}98\,\frac{L^3}{t} \text{ ergibt.}$$

b) Die Abmessungen des Brunnens 2 sind dieselben wie bei Brunnen 1, ausgenommen h', das hier zu

$$h' = 0$$

angenommen wurde.

22   Die Lösung der Brunnengleichung.

Das gesamte zur Verfügung stehende Potential ergibt sich zu

$$\varphi_{max} = H\, k_f = 0{,}4\, L\, k_f$$

Abb. 10 zeigt das Strömungs-, Abb. 11 das Isotachennetz und Abb. 12 den Verlauf von v_r für $r = R_a$ sowie den Verlauf der normal zum Brunnen-

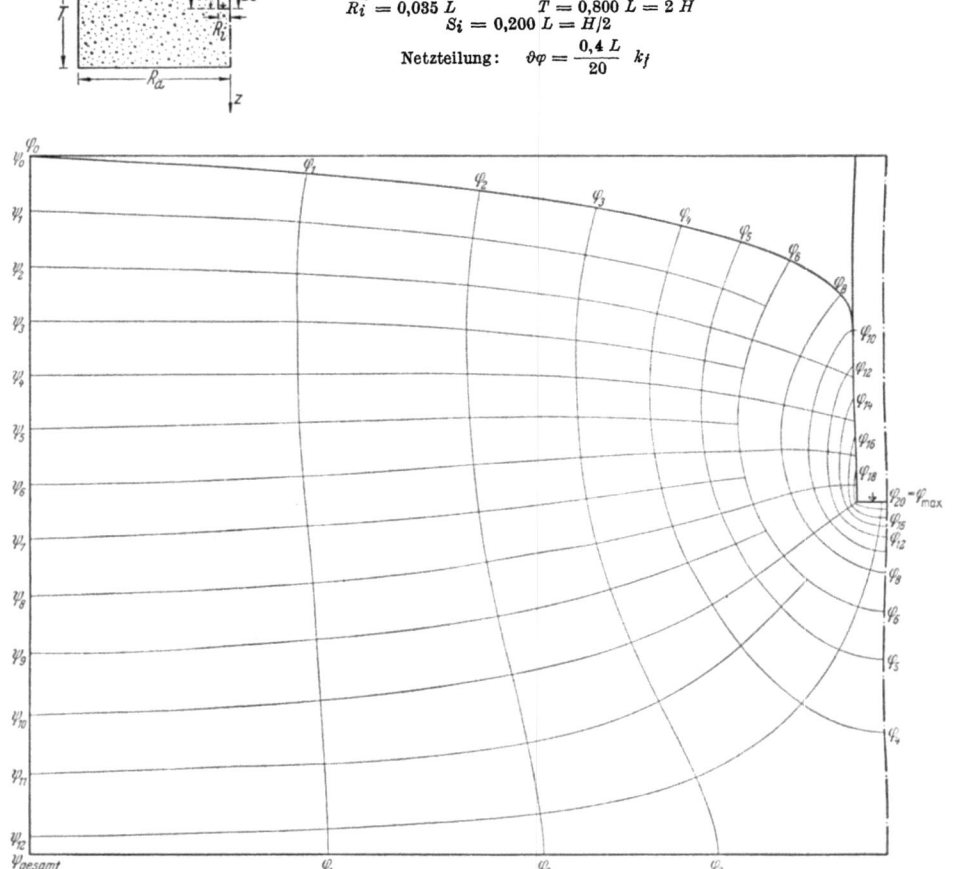

$H = 0{,}400\, L$ $h = 0{,}200\, L$
$R_a = 0{,}950\, L$ $h' = 0$
$R_i = 0{,}035\, L$ $T = 0{,}800\, L = 2\,H$
$S_i = 0{,}200\, L = H/2$

Netzteilung: $\vartheta\varphi = \dfrac{0{,}4\, L}{20}\, k_f$

Abb. 10. Strömungsnetz des unvollkommenen Brunnens mit völliger Absenkung.

schacht gerichteten Geschwindigkeitskomponenten. Man erkennt beim Vergleich mit Brunnen 1, daß Brunnen 2, wie schon im Abschnitt D angegeben, als Sonderfall von Brunnen 1 anzusprechen ist mit $h' = 0$, d. h. mit völliger Absenkung im Brunnenschacht.

Folgendes ist durch die Netze Abb. 10 und Abb. 11 bestimmt:
1. Die Sickerstrecke ergibt sich zur halben Länge der Brunnentiefe, also

$$S_i = \frac{H}{2} = 0{,}20\ L$$

$H = 0{,}400\ L$ $h = 0{,}200\ L$
$R_a = 0{,}950\ L$ $h' = 0$
$R_i = 0{,}035\ L$ $T = 0{,}800\ L$
$S_i = 0{,}200\ L = H/2$
$k_f = 100\ L/t$

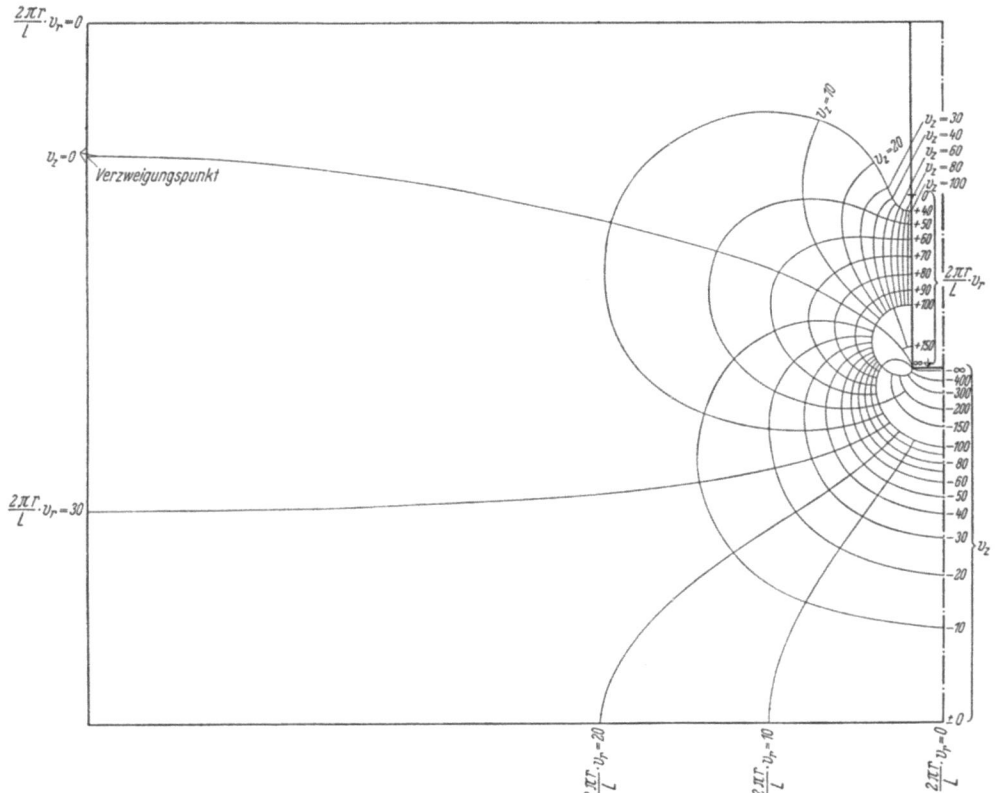

Abb. 11. Isotachennetz des unvollkommenen Brunnens mit völliger Absenkung.

und damit
$$h = \frac{H}{2} = 0{,}20\ L\ .$$

2. Das Potentialgefälle an der freien Oberfläche ist im Vergleich zu den im Strömungsfeld auftretenden Werten wieder recht klein und

Die Lösung der Brunnengleichung.

erreicht bei G mit 1 sein Maximum. Die beiden Punkte E und F haben sich zu einer Doppelquelle vereinigt, in der das Potentialgefälle mit ∞ sein Maximum erreicht.

3. Die Geschwindigkeiten in Schnitten $r = $ konst nehmen von der freien Oberfläche an für wachsendes z zunächst wieder zu, um nach Überschreiten eines Maximums zur undurchlässigen Schicht hin wieder abzunehmen. Im Punkt E wird $v_r = \infty$.

4. v_z erreicht mit $v_z = k_f$ entlang der Sickerstrecke wieder seinen größten positiven, mit $v_z = -\infty$ am Punkt E seinen größten negativen Wert.

5. Die Gerade $\overline{EF}$ ist verschwunden, mit ihr der Verzweigungspunkt von $v_z = 0$, oder besser: Der Verzweigungspunkt von $v_z = 0$ ist mit den Punkten E und F in einen Punkt zusammengefallen. Die von hier ausgehende Isotache $v_z = 0$ teilt wieder das Gesamtströmungsfeld in zwei Teile ähnlich wie beim Brunnen 1 und verzweigt sich am Punkt P ($r = R_a$; $z = 0{,}152\,L$) in die beiden nach oben und unten gerichteten Äste.

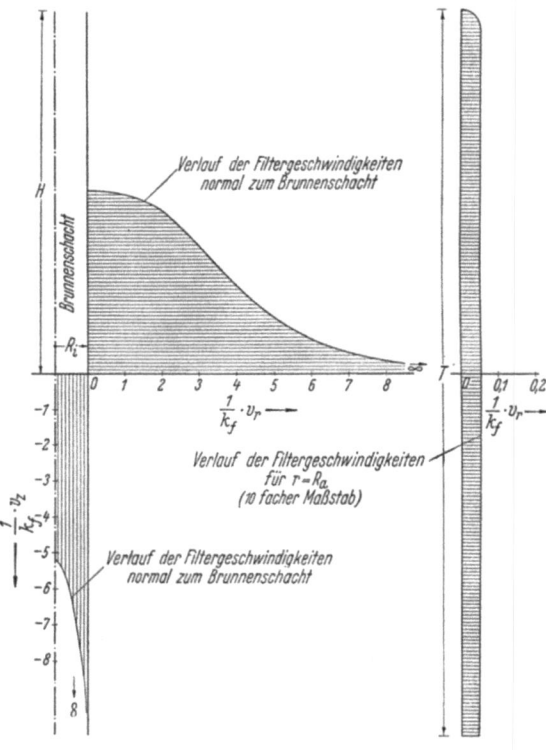

Abb. 12. Filtergeschwindigkeiten beim unvollkommenen Brunnen mit völliger Absenkung.

6. Die Schüttung Q des Brunnens 2 oder der Gesamtstrom ergibt sich mit

$$n = 12{,}28 \text{ Stromröhren zu}$$

$$\psi_{gesamt} = n \cdot \vartheta\varphi = 12{,}28 \frac{0{,}4 \cdot 100}{20} = 24{,}56 \frac{L^3}{t}.$$

Die Integrationen (33b) ergeben für

$$r = R_a: \quad \psi_{gesamt} = 24{,}82 \frac{L^3}{t}$$

und für

$$r = 0{,}08\,L: \quad \psi_{gesamt} = 24{,}95 \frac{L^3}{t},$$

so daß daraus sich ein gemitteltes
$$\psi_{gesamt} = 24{,}78 \frac{L^3}{t}$$
ergibt.

c) Der Brunnen 3 entsteht durch Annähern der undurchlässigen Schicht an die Brunnensohle, er hat dieselben Abmessungen wie Brunnen 2 außer T, das zu
$$T = H = 0{,}4\,L$$
wird.

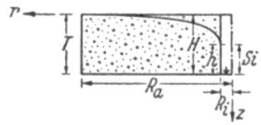

$H = 0{,}400\,L$ $\qquad h = 0{,}200\,L$
$R_a = 0{,}950\,L$ $\qquad h' = 0$
$R_i = 0{,}035\,L$ $\qquad T = 0{,}4\,L = H$
$\qquad S_i = 0{,}200\,L = H/2$

Netzteilung: $\vartheta\varphi = \dfrac{0{,}4\,L}{20}\,k_f$

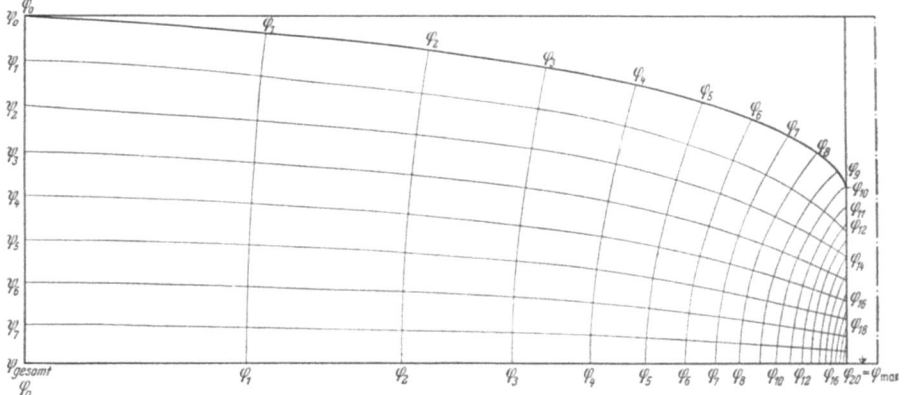

Abb. 13. Strömungsnetz des vollkommenen Brunnens mit völliger Absenkung.

Das gesamte Potential bleibt so groß wie bei Brunnen 2, nämlich
$$\varphi_{max} = H\,k_f = 0{,}4\,L\,k_f\,.$$

Abb. 13 zeigt das Strömungs-, Abb. 14 das Isotachennetz und Abb. 15 den Verlauf von v_r für $r = R_a$ und $r = R_i$. Folgendes ist durch die Netze Abb. 13 und Abb. 14 bestimmt:

1. Die Sickerstrecke ergibt sich zu
$$S_i = \frac{H}{2} = 0{,}20\,L$$
und damit
$$h = \frac{H}{2} = 0{,}20\,L\,,$$
also der gleiche Wert wie bei Netz 2. Dies besagt: die maximal mögliche Absenkung der freien Oberfläche am Brunnenschacht ist die halbe Brun-

Die Lösung der Brunnengleichung.

nentiefe H und zwar sowohl beim untersuchten unvollkommenen (Brunnen 2) als auch beim vollkommenen Brunnen (Brunnen 3).

Bei der ebenen Sickerströmung zu einem Graben mit lotrechten Wänden und undurchlässiger Schicht auf Höhe der Grabensohle haben BREITENÖDER [1] und HAMEL [2] theoretisch nachgewiesen, daß bei völliger

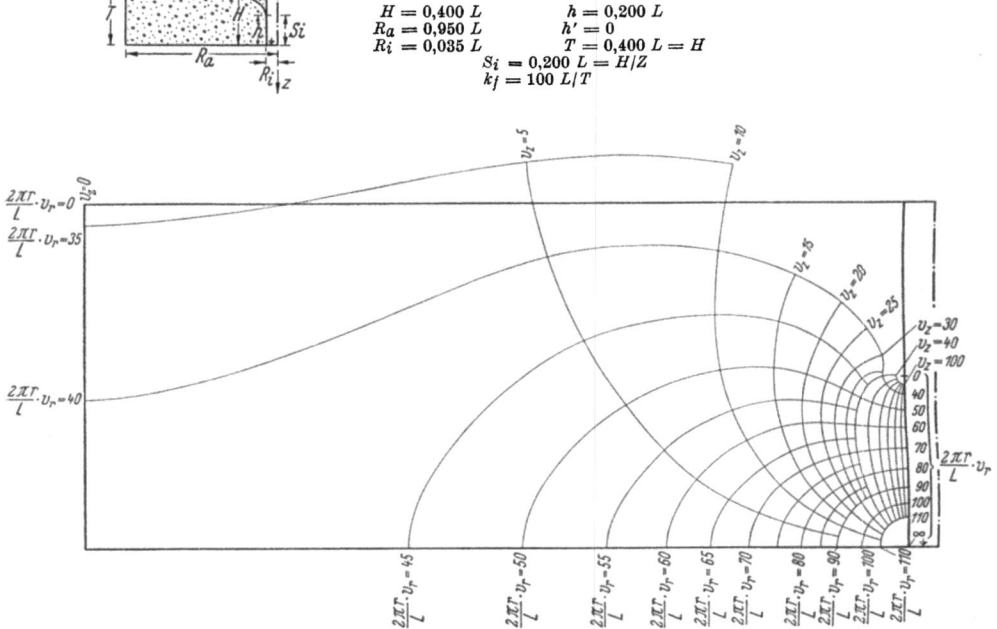

Abb. 14. Isotachennetz des vollkommenen Brunnens mit völliger Absenkung.

Absenkung des Wasserspiegels im Graben sich ebenfalls die freie Oberfläche am Grabenrand nur bis zur halben Grabentiefe absenken läßt. *Da die ebene Strömung als Sonderfall des Brunnens mit*

$$R_a = \infty$$

und

$$R_i = \infty$$

angesehen werden kann, scheint die Annahme gerechtfertigt, daß der Wert

$$max\ S_i = \frac{H}{2}$$

allgemein gültig ist.

---

[1] BREITENÖDER: Ebene Grundwasserströmungen mit freier Oberfläche. Dr.-Ing. Dissertation, Berlin: Springer 1942.
[2] HAMEL: Über Grundwasserströmung, ZaM., Bd. 14 (1934) H. 3.

2. Mit dem Heraufwandern der undurchlässigen Schicht zur Brunnensohle sind, wie unter D. schon angegeben, die Doppelquelle bei E sowie der letzte der beiden Verzweigungspunkte von $v_z = 0$ im Isotachennetz verschwunden. Die undurchlässige Sohle fällt mit dem im Netz Abb. 11 am Verzweigungspunkt von $v_z = 0$ zum Punkt E verlaufenden Ast von $v_z = 0$ zusammen; dem Isotachennetz Abb. 14 entspricht daher der obere Teil des Isotachennetzes Abb. 11.

Das kleinste Potentialgefälle entlang einer Stromlinie tritt auf der freien Oberfläche auf, während das entsprechende größte Potentialgefälle entlang der undurchlässigen Sohle vorhanden ist, wo es am Punkt E mit ∞ sein Maximum erreicht.

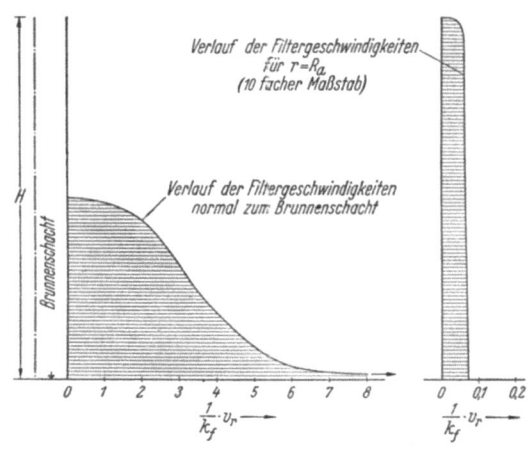

Abb. 15. Filtergeschwindigkeiten beim vollkommenen Brunnen mit völliger Absenkung.

3. In Schnitten $r =$ konst. nimmt die Geschwindigkeit von der freien Oberfläche an nach unten zu und erreicht an der undurchlässigen Schicht ihr Maximum: das bei den Brunnen 1 und 2 festgestellte Absinken der Geschwindigkeit gegen die undurchlässige Schicht zu nach Überschreiten des Maximums ist hier nicht vorhanden, was durch das Verschwinden der Doppelquelle und des Verzweigungspunktes von $v_z = 0$ im Isotachennetz bedingt ist.

4. v_z erreicht mit $v_z = k_f$ ihr Maximum entlang der undurchlässigen Schicht. Ein negativer Wert tritt nicht mehr auf.

5. Die Schüttung Q des Brunnens 3 oder der Gesamtstrom ψ_{gesamt} ergibt sich mit

$$n = 7{,}9$$

Stromröhren mittels Gl. (34) zu

$$\psi_{gesamt} = n \cdot \vartheta\,\varphi = 7{,}9\,\frac{0{,}4}{20} \cdot 100 = 15{,}8\,\frac{L^3}{t}.$$

Die Integrationen (33b) ergeben für

$$r = R_a: \quad \psi_{gesamt} = 15{,}70\,\frac{L^3}{t}$$

und für

$$r = R_i: \quad \psi_{gesamt} = 15{,}85\,\frac{L^3}{t}.$$

Als Mittel ergibt sich damit

$$\psi_{gesamt} = 15{,}8 \frac{L^3}{t}.$$

d) Durch Anwachsen von h' auf

$$h' = 0{,}238\ L$$

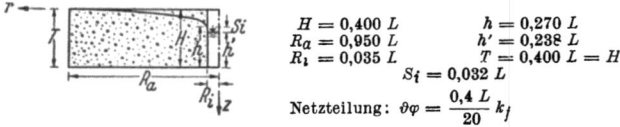

$H = 0{,}400\ L \qquad h = 0{,}270\ L$
$R_a = 0{,}950\ L \qquad h' = 0{,}238\ L$
$R_i = 0{,}035\ L \qquad T = 0{,}400\ L = H$
$\qquad S_i = 0{,}032\ L$

Netzteilung: $\vartheta\varphi = \dfrac{0{,}4\ L}{20} k_f$

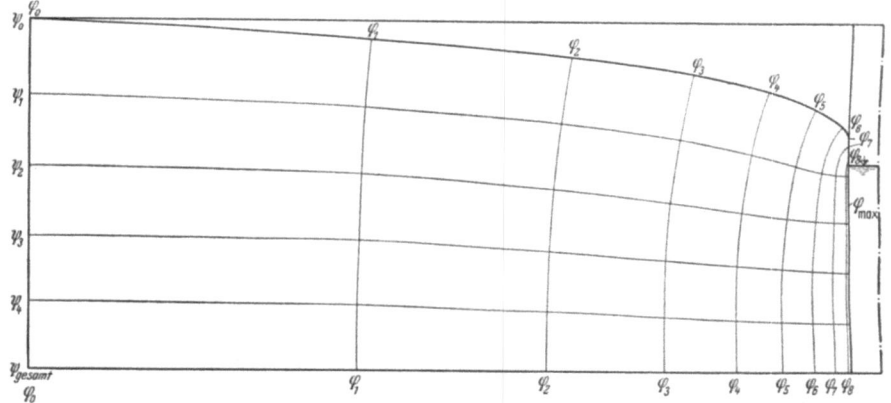

Abb. 16. Strömungsnetz des vollkommenen Brunnens mit nicht völliger Absenkung.

entsteht aus dem Brunnen 3 der Brunnen 4. Das größte Potential ist wie beim Brunnen 1

$$\varphi_{max} = (H - h')\ k_f = 0{,}162\ L\ k_f.$$

Abb. 16 zeigt das Strömungs-, Abb. 17 das Isotachennetz und Abb. 18 den Verlauf von v_r für $r = R_a$ und $r = R_i$ für diesen Brunnen.

Folgendes ist durch die Netze Abb. 16 und Abb. 17 bestimmt:

1. Die Sickerstrecke hat eine Länge von

$$S_i = 0{,}032\ L$$

und damit

$$h = 0{,}270\ L.$$

Dies sind dieselben Werte wie bei Brunnen 1, d. h. wie beim unvollkommenen Brunnen mit derselben Absenkung.

2. Das kleinste Potentialgefälle entlang einer Stromlinie ist wie bei Brunnen 3 entlang der freien Oberfläche, das größte Potentialgefälle tritt am aus Punkt E wieder nach oben gewanderten Punkt F, d. h. auf der Höhe des Brunnenwasserspiegels am Brunnenschacht auf.

Die graphische Lösungsmethode.

3. Die Geschwindigkeiten nehmen in Schnitten $r =$ konst. für

$$R_a \geq r \geq 0{,}13\,L$$

wie bei Brunnen 3 von der freien Oberfläche nach unten zu und erreichen an der undurchlässigen Sohle ihr Maximum. Analog zu Brunnen 1 steigt

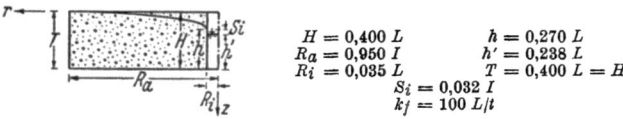

$H = 0{,}400\,L$ $h = 0{,}270\,L$
$R_a = 0{,}950\,I$ $h' = 0{,}238\,L$
$R_i = 0{,}035\,L$ $T = 0{,}400\,L = H$
$S_i = 0{,}032\,I$
$k_f = 100\,L/t$

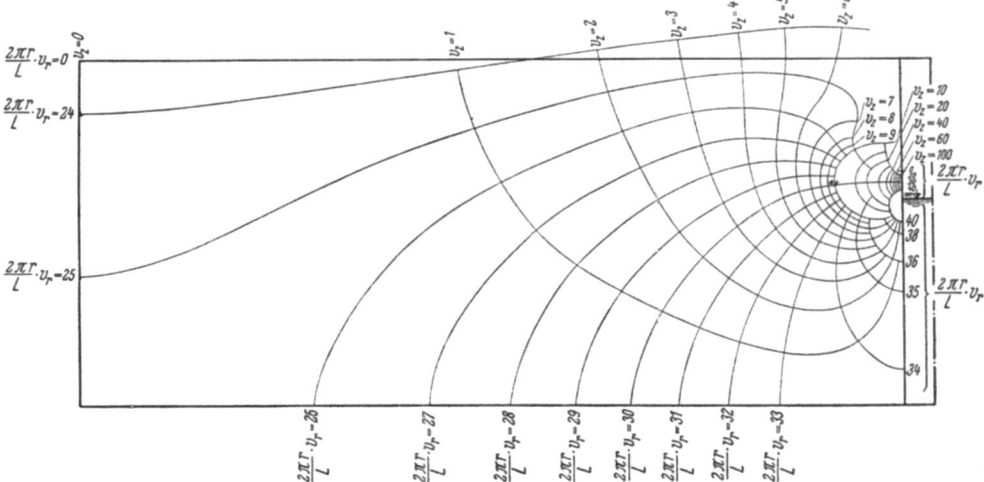

Abb. 17. Isotachennetz des vollkommenen Brunnens mit nicht völliger Absenkung.

für $r \leq 0{,}13\,L$ mit kleiner werdendem r das Geschwindigkeitsmaximum von der undurchlässigen Schicht nach oben, um für $r = R_i$ mit dem Wasserspiegel im Brunnen zusammenzufallen.

4. v_z erreicht wie bei Brunnen 3 mit $v_z = k_f$ ihr Maximum, ein negativer Wert tritt nicht auf.

5. Die Schüttung Q des Brunnens 4 oder der Gesamtstrom ergibt sich mit $n = 5$

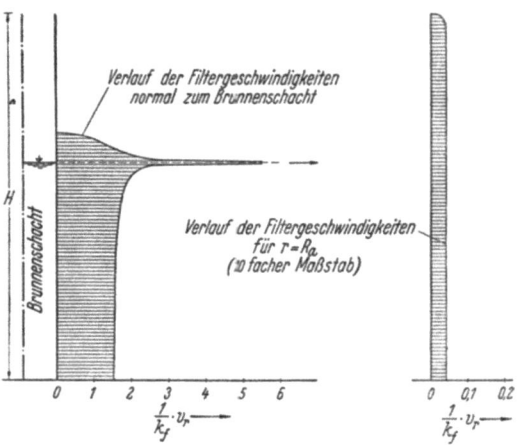

Abb. 18. Filtergeschwindigkeiten beim vollkommenen Brunnen mit nicht völliger Absenkung.

Stromröhren mittels Gl. (34) zu

$$\psi_{gesamt} = n\,\vartheta\,\varphi = 5 \cdot \frac{0{,}4 \cdot 100}{20} = 10{,}0 \frac{L^3}{t}.$$

Die Integrationen (33b) ergeben für

$$r = R_a : \quad \psi_{gesamt} = 9{,}80 \frac{L^3}{t}$$

und für

$$r = R_i : \quad \psi_{gesamt} = 9{,}73 \frac{L^3}{t},$$

so daß sich im Mittel

$$\psi_{gesamt} = 9{,}84 \frac{L^3}{t}$$

ergibt.

F. Die Auswertung der theoretischen Untersuchungen z. T. zusammen mit Ergebnissen von Modellversuchen EHRENBERGERS.

1. Qualitativer Einfluß der verschiedenen, einen Brunnen bestimmenden Größen auf die Schüttung.

Wie schon oben angegeben, treten folgende Veränderliche auf:

$\left.\begin{array}{l} H \\ R_a \\ R_i \\ T \end{array}\right\}$ feste geometrische Veränderliche

$\left.\begin{array}{l} h \\ h' \\ S_i \\ r, z \end{array}\right\}$ mit der Schüttung sich ändernde geometrische Veränderliche

k_f physikalische Veränderliche

$\psi_{gesamt} = Q$ Schüttung.

Die Schüttung eines Brunnens ist eine Funktion der verschiedenen Größen, die ihn bestimmen, also

$$Q = \Phi_1(H, R_a, R_i, T, h', k_f). \tag{38}$$

In Gl. (38) kann h' durch h oder S_i oder durch die Koordinaten irgend eines Punktes $P(\bar{r}, \bar{z})$ der freien Oberfläche ersetzt werden.

In Worten ausgedrückt besagt Gl. (38):

Die Schüttung eines Brunnens ist die Funktion von fünf voneinander unabhängigen geometrischen Veränderlichen und einer physikalischen Veränderlichen, nämlich der Durchlässigkeit des Filtermaterials.

Qualitativer Einfluß der verschiedenen Größen auf die Schüttung. 31

a) Einfluß von k_f. Am einfachsten ist der Einfluß von k_f zu erkennen: Da die Filtergeschwindigkeit direkt proportional k_f ist, wird auch Q direkt proportional k_f, so daß man Gl. (38) auch schreiben kann:

$$Q = k_f \cdot \Phi_2 \cdot (H, R_a, R_i, T, h'). \qquad (38a)$$

b) Einfluß von H. Zur Bewegung des Wassers durch den Grundwasserleiter steht das Potential

$$\varphi_{max} = (H - h') k_f$$

zur Verfügung. Dem Potentialgefälle direkt proportional ist die Filtergeschwindigkeit. Am Brunnenrand wird mit wachsendem H, wenn man die übrigen Abmessungen unverändert läßt, infolge des Wachsens des Eintrittsquerschnittes das zur Schüttung $Q =$ konst. erforderliche Potentialgefälle kleiner, wodurch Potential eingespart wird und der Wasserspiegel im Brunnen steigt. Da aber auf dem gesamten Sickerweg mit Ausnahme bei $r = R_a$ infolge des größer gewordenen h' und der damit angehobenen freien Oberfläche eine geringere Geschwindigkeit und dadurch geringerer Potentialverbrauch entsteht, vergrößert sich h' zusätzlich.

Umgekehrt ausgedrückt ergibt sich:
Mit wachsendem H nimmt bei sonst gleichen Verhältnissen die Schüttung eines Brunnens zu.

c) Einfluß von T. Läßt man T von $T = H$ bei konstantem Q um ΔT wachsen, so vergrößert sich der Durchflußquerschnitt in Zylinderschnitten mit dem Radius r um $\Delta T \cdot 2 r \pi$, weshalb zur Erzeugung der nunmehr erforderlichen kleineren Geschwindigkeit ein geringeres Potentialgefälle notwendig wird, wodurch ein geringerer Potentialverbrauch entsteht und infolge des geringeren Potentialverbrauches der durchströmte Querschnitt langsamer (auch absolut gemessen) abnimmt, was noch zusätzlich eine Verringerung des Potentialverbrauchs bewirkt.

Also gilt: Bei sonst gleichen Abmessungen und gleicher Schüttung verringert sich mit wachsendem T der Potentialbedarf oder umgekehrt:
Mit wachsendem T nimmt bei sonst gleichen geometrischen Bedingungen die Brunnenschüttung zu und zwar muß sie sich für $T \to \infty$ einem endlichen Grenzwert nähern, denn würde mit T auch Q über alle Grenzen wachsen, so müßte, da am Brunnen und in dessen Umgebung nur ein endlicher Durchflußquerschnitt zur Verfügung steht, zur Erzeugung der erforderlichen Geschwindigkeit ein ∞ großes Potential vorhanden sein.

d) Einfluß von R_i. Eine Vergrößerung von R_i schneidet aus dem Strömungsgebiet einen Teil heraus, wodurch der Sickerweg verkürzt und damit Potential bzw. Energie eingespart wird.

Also: *Durch Vergrößerung des Radius R_i nimmt bei sonst gleichen geometrischen Abmessungen die Schüttung zu.*

e) Einfluß von R_a. Eine Vergrößerung von R_a vergrößert den Sickerweg des Wassers, wodurch zusätzlich Energie verbraucht wird. Also gilt folgender Satz:

Durch Vergrößerung von R_a nimmt bei sonst gleichen geometrischen Abmessungen die Schüttung ab.

Für $R_a \to \infty$ strebt Q einem endlichen Grenzwert zu, denn, da selbst bei völliger Wasserspiegelabsenkung die freie Oberfläche bei $h = \dfrac{H}{2}$ in den Brunnen mündet, steht in der Nähe des Brunnens noch das halbe Gesamtpotential zur Verfügung, wodurch eine endliche Wassermenge in den Brunnen geleitet wird.

f) Einfluß von h'. Mit größer werdender Wasserspiegelabsenkung, also mit kleiner werdendem h' und damit wachsendem Potential, nimmt die Schüttung zu. Würde der durchflossene Raum mit kleiner werdendem h' und damit wachsendem Gesamtpotential unverändert bleiben, so wäre die Schüttungszunahme direkt proportional der Wasserspiegelabsenkung, wie es bei artesischen Brunnen tatsächlich der Fall ist. Da beim Brunnen mit freier Oberfläche mit der Absenkung der durchflossene Raum jedoch kleiner wird, erfolgt die Schüttungszunahme nicht in demselben Maße wie die Potentialzunahme. Man kann schreiben:

$$Q = C(H - h')^{\varkappa}, \qquad (39)$$

worin

$$\varkappa < 1$$

sein muß.

Mit wachsendem T wird die durch die Absenkung hervorgerufene relative Verkleinerung des durchflossenen Raumes geringer, d. h. der Exponent $\varkappa$ wächst an.

$\varkappa$ wird in *jedem* Fall mit freier Oberfläche < 1 bleiben, da immer zur Potentialgewinnung ein Absinken der freien Oberfläche und damit eine Verkleinerung des durchflossenen Raumes verbunden ist.

2. Qualitativer Einfluß der veränderlichen Größen auf die Form der freien Oberfläche.

a) Einfluß von k_f. Die Gleichung der freien Oberfläche lautet, wie im Abschnitt „Randbedingungen" schon angegeben

$$2\pi \bar{r} \int_{\bar{z}}^{T} v_r \, dz = \psi_{gesamt}. \qquad (37)$$

Mit Benutzung der Gl. (38a) wird hieraus

$$2\pi \bar{r} \int_{\bar{z}}^{T} v_r \, dz = k_f \Phi_2 \qquad (40)$$

oder

$$\frac{2\pi \bar{r}}{k_f} \int\limits_{\bar{z}}^{T} v_r \, dz = \Phi_2 \tag{40a}$$

Mit Gl. (5) ergibt sich aus (40a)

$$\frac{2\pi \bar{r}}{k_f} \int\limits_{\bar{z}}^{T} \frac{\partial(-k_f \cdot h)}{\partial r} \, dz = \Phi_2$$

oder umgeformt

$$2\pi \bar{r} \int\limits_{\bar{z}}^{T} \frac{\partial(-h)}{\partial r} \, dz = \Phi_2. \tag{41}$$

Gl. (41) besagt: Die Form der freien Oberfläche ist nur eine Funktion der geometrischen Abmessungen des Brunnens und *unabhängig von der Durchlässigkeit k_f des Filtermaterials.*

b) Einfluß von H. H und h' sollen beim unvollkommenen Brunnen gleich schnell wachsen, alle übrigen Maße konstant bleiben. Während direkt am Brunnen der durchflossene Querschnitt wächst, bleibt er bei $r = R_a$ unverändert. Da die Gesamtschüttung, wie oben schon angegeben, in diesem Falle zunimmt, wird in dem Bereich mit großem r der Potentialverbrauch größer. Da das Gesamtpotential aber gleich groß bleibt, muß für kleineres r der Potentialverbrauch kleiner werden mit wachsendem H und h'. Entsprechend wird der Verlauf der freien Oberfläche zunächst steiler und dann flacher als vorher verlaufen, d. h. *die Neigung der freien Oberfläche wird bei gleichzeitig gleichmäßig wachsendem H und h' bis zum Grenzfall $H = T$, dem vollkommenen Brunnen, gleichförmiger.*

c) Einfluß von T. Wächst T an, so nimmt ebenfalls die Schüttung zu, wie oben schon angegeben. In diesem Fall bleibt der Eintrittsquerschnitt, von der ersten sprunghaften Zunahme beim Übergang vom vollkommenen zum unvollkommenen Brunnen durch die Eintrittsfläche der Brunnensohle abgesehen, konstant, d. h. der Potentialverbrauch wird direkt am Brunnen immer größer. Da das Gesamtpotential konstant bleibt, muß für größere r der Potentialverbrauch kleiner sein als bisher. Daraus resultiert: *Die Neigung der freien Oberfläche wird mit wachsendem T ungleichförmiger.*

d) Einfluß von R_i. Mit wachsendem R_i wird die Schüttung größer, wodurch bei R_a, da die Durchflußfläche dort unverändert bleibt, ein größeres Potentialgefälle auftritt, d. h.: *Die Neigung der freien Oberfläche wird mit wachsendem R_i gleichförmiger.*

e) Einfluß von R_a. Mit wachsendem R_a wird die Schüttung geringer. Da der Eintrittsquerschnitt bei R_i unverändert bleibt, tritt dort ein geringeres Potentialgefälle auf und damit geringerer Potentialverbrauch, d. h.: *Die Neigung der freien Oberfläche wird mit wachsendem R_a gleichförmiger.*

3. Quantitative Auswertung, zusammen mit Ergebnissen von Modellversuchen EHRENBERGER.

a) Über die Ähnlichkeit bei Grundwasserströmungen. Da bei geometrischer Ähnlichkeit einander entsprechende Winkel gleich sind und nach dem DARCYschen Gesetz die Filtergeschwindigkeit direkt proportional dem Standrohrspiegelgefälle ist, welches durch die geometrischen Verhältnisse bestimmt wird, so ist bei geometrischer Ähnlichkeit zweier Strömungsgebiete bei gleichem k_f-Wert die Filtergeschwindigkeit an einander entsprechenden Punkten gleich. Das lineare Verhältnis zweier ähnlicher Strömungsgebiete sei $1 : M$. Einander entsprechende Geschwindigkeiten sind gleich, d. h.

$$v_1 = v_M. \tag{42}$$

Da die Schüttung $Q = v F$, einander entsprechende Flächen sich jedoch wie

$$F_1 : F_M = 1 : M^2$$

verhalten, so gilt auch

$$Q_1 : Q_M = 1 : M^2. \tag{43}$$

b) Die EHRENBERGERschen Versuche[1]. Die Abmessungen der Brunnen 3 und 4 sind geometrisch ähnlich einem Brunnen gewählt, den EHRENBERGER zur Durchführung von Modellversuchen benutzt hat. Die hier interessierenden Ergebnisse der EHRENBERGERschen Versuche sind:

1. Die obere Gültigkeitsgrenze des DARCYschen Gesetzes ($v = k_f \cdot J$) liegt für mittlere Wassertemperaturen (15° C) bei einer Filtergeschwindigkeit von 0,3—0,4 cm/s.

2. Beim Anschluß des abgesenkten Grundwasserspiegels an den Brunnen (durchlässige Wandung bis zur undurchlässigen Sohle reichend) tritt eine Unstetigkeit auf, indem der Brunnenspiegel (h') um das Maß Δh tiefer als der oberste Grundwasseraustritt (h) liegt. Aus den Versuchen ergab sich hierfür näherungsweise folgende Beziehung

$$\Delta h = h - h' = 0{,}5 \frac{(H - h')^2}{H} \tag{44}$$

oder

$$\frac{h}{H} = 0{,}5 \left[1 + \left(\frac{h'}{H} \right)^2 \right] \tag{44a}$$

---

[1] EHRENBERGER: Versuche über die Ergiebigkeit von Brunnen und Bestimmung der Durchlässigkeit des Sandes, Wien 1928, Z. d. Ö. Ing. u. A. V. Heft 9—14.

Hieraus folgt, daß der Grundwasserspiegel knapp vor dem Brunnen nie tiefer als bis zur halben Mächtigkeit der wasserführenden Schicht abgesenkt werden kann.

3. Für die Berechnung der Brunnenergiebigkeit ergab sich folgende Gleichung:

$$Q = Q_{max}\left[1 - \left(\frac{h'}{H}\right)^2\right] \qquad (45)$$

bzw. mit (44a)

$$Q = 2\left[1 - \frac{h}{H}\right]Q_{max}, \qquad (46)$$

welche die Aufstellung der Ergiebigkeitslinie aus einem einzigen bekannten Wertepaar Q/h' bzw. Q/h gestatten.

c) **Vergleich der EHRENBERGERschen Versuche mit den theoretisch untersuchten vollkommenen Brunnen.** α) Aus der Abb. 20 der genannten EHRENBERGERschen Arbeit entnimmt man für einen Brunnen mit

$$R_a = 0{,}950 \text{ m}$$
$$R_i = 0{,}035 \text{ m}$$
$$H = 0{,}400 \text{ m}$$

bei einer Wasserspiegelhöhe

$$h' = 0{,}20 \text{ m}$$

im Brunnen und dem Durchlässigkeitsbeiwert

$$k_f = 1{,}52 \text{ cm/s} = 0{,}0152 \text{ m/s}$$

eine Schüttung von

$$Q = 1610 \text{ cm}^3/\text{s}.$$

Mittels der EHRENBERGERschen Formel (45) errechnet sich hieraus für diesen Brunnen ein

$$Q_{max \atop Ehrenberger} = \frac{Q}{1 - \left(\frac{h'}{H}\right)^2} = \frac{1610}{1 - \left(\frac{0{,}2}{0{,}4}\right)^2} = 2140 \text{ cm}^3/\text{s}.$$

Dies ergibt für einen Durchlässigkeitsbeiwert von

$$k_f = 100 \text{ m/s}$$

ein

$$Q_{max \atop Ehr.} = \frac{0{,}002140}{0{,}0152} \cdot 100 = 14{,}08 \text{ m}^3/\text{s}.$$

Der theoretisch untersuchte vollkommene Brunnen 3 ergibt ein

$$Q_{max \atop theor.} = 15{,}78 \text{ m}^3/\text{s},$$

wenn die Längeneinheit L ein Meter sein soll.

Bezogen auf den theoretischen Wert ergibt sich hieraus, daß das $Q_{max \atop Ehr.}$ um

$$\frac{15{,}78 - 14{,}08}{15{,}78} \, 100 = 10{,}78\%$$

unter dem theoretisch ermittelten Wert liegt.

Brunnen 4 mit $h' = 0{,}238$ m ergibt theoretisch eine Schüttung von

$$Q_{theor.} = 9{,}84 \text{ m}^3/\text{s}$$

für $k_f = 100$ m/s.

Die EHRENBERGERsche Messung ergibt auf ein $k_f = 100$ m/s umgerechnet

$$Q_{Ehr.} = 9{,}1 \text{ m}^3/\text{s} \, .$$

Auf den theoretischen Wert bezogen ergibt die Messung

$$\frac{9{,}84 - 9{,}1}{9{,}84} \, 100 = 7{,}52\%$$

weniger, die Abweichung gegenüber dem theoretischen Wert nimmt bei geringerer Brunnenabsenkung also ab.

β) Der theoretisch ermittelte Wert für h stimmt in beiden Fällen mit den durch die EHRENBERGERsche Formel (44) bestimmten Werten überein.

Der unter α) und β) durchgeführte Vergleich läßt eine sehr gute Übereinstimmung zwischen Theorie und Versuch erkennen. Die beim Versuch gemessenen geringeren Schüttungen sind dadurch zu erklären, daß das DARCYsche Gesetz, das der Theorie zugrunde liegt, in Bereichen großer Filtergeschwindigkeit keine Gültigkeit mehr hat.

Das allgemeine Gesetz für die Filterströmung kann man in der Form

$$v = k_f \, J^{\lambda(v)}$$

schreiben. Bei DARCY ist $\lambda = 1$, für Bereiche mit großer Geschwindigkeit wird λ kleiner als 1, jedoch zunächst nur wenig, so daß in recht guter Annäherung auch weiterhin das DARCYsche Gesetz angewendet werden kann.

Da nicht der k_f-Wert, sondern die absolute Größe der Filtergeschwindigkeit das Kriterium für die Gültigkeit des DARCYschen Gesetzes darstellt, werden Natur und Theorie umso besser übereinstimmen, je kleiner die Bereiche mit großer Filtergeschwindigkeit sind.

Hiermit läßt sich erklären, daß die Abweichung zwischen Theorie und Messung bei Brunnen 4 kleiner ist als bei Brunnen 3.

Der von EHRENBERGER verwendete Sand hatte einen sehr hohen k_f-Wert. Mit kleiner werdendem k_f-Wert wird sich bei sonst gleichen Verhältnissen eine zunehmende Übereinstimmung zwischen Theorie und

Natur ergeben, weil hierdurch die Bereiche mit großer Filtergeschwindigkeit abnehmen.

d) Einfluß von h' auf die Schüttung. Auf Abb. 19 sind neben der von EHRENBERGER empirisch gefundenen Kurve

$$\frac{Q}{Q_{max}} = 1 - \left(\frac{h'}{H}\right)^2 \quad (45)$$

über $\frac{Q}{Q_{max}}$ die Werte für $\frac{h'}{H}$, die den Brunnen $1 \div 4$ entsprechen, eingetragen und die den Brunnen 1 und 2 sowie 3 und 4 zugehörigen Punkte mit dem Punkt

$$P\left(\frac{h'}{H} = 1;\ \frac{Q}{Q_{max}} = 0\right)$$

jeweils durch einen Linienzug verbunden. Durch die 2mal drei Punkte dieser neuen Linienzüge ist jeweils eine quadratische Parabel bestimmt, die für den vollkommenen Brunnen

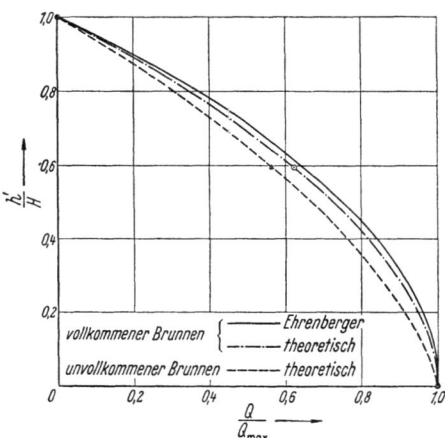

Abb. 19. Ergiebigkeitslinien bezogen auf die jeweils größte Schüttung Q_{max}.

$$\frac{Q}{Q_{max}} = 1 - 0{,}91\left(\frac{h'}{H}\right)^2 - 0{,}09\,\frac{h'}{H} \quad (47)$$

und den unvollkommenen

$$\frac{Q}{Q_{max}} = 1 - 0{,}667\left(\frac{h'}{H}\right)^2 - 0{,}333\,\frac{h'}{H} \quad (48)$$

lautet.

Die Gln. (47) und (48) sind im Intervall $0 \leq \frac{Q}{Q_{max}} \leq 1$ ziemlich gleich. Der Verlauf von (48) ist geradliniger als der von (47), der nahezu der von EHRENBERGER gefundenen rein quadratischen Parabel

$$\frac{Q}{Q_{max}} = 1 - \left(\frac{h'}{H}\right)^2 \quad (45)$$

gleichkommt.

Auf Abb. 20 sind die Ergiebigkeitslinien bezogen auf die theoretisch ermittelte maximale Schüttung des vollkommenen Brunnens aufgetragen. Mit Benutzung der Gln. (47) und (48) ergibt sich mittels der BERNOULLI-L'HOPITALschen Regel für

$$\frac{h'}{H} = 1$$

ein

$$\frac{Q_{unvollkommen}}{Q_{vollkommen}} = 1{,}37,$$

für die beiden durch die Netze bestimmten Wertepaare ergibt sich für

$$\frac{h'}{H} = 0{,}595 \quad \text{ein} \quad \frac{Q_{unvollk.}}{Q_{vollk.}} = 1{,}42$$

und für

$$\frac{h'}{H} = 0 \quad \text{ein} \quad \frac{Q_{unvollk.}}{Q_{vollk.}} = 1{,}57 \,.$$

Dies besagt:
Das Verhältnis der Schüttung beider Brunnen bei gleicher Absenkung wird mit zunehmender Absenkung für den unvollkommenen Brunnen günstiger.

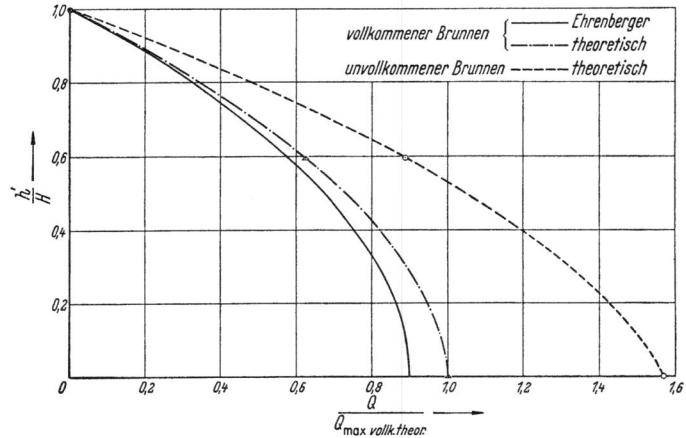

Abb. 20. Ergiebigkeitslinien bezogen auf die theoretisch ermittelte größte Schüttung des vollkommenen Brunnens.

Die Gln. (47) und (48) haben an sich nur Gültigkeit für die untersuchten vollkommenen und unvollkommenen Brunnen.

Die Abmessungen der von EHRENBERGER untersuchten vollkommenen Brunnen bewegen sich in den Grenzen

$$0{,}04 \leq \frac{R_i}{H} \leq 0{,}35$$

und

$$2{,}375 \leq \frac{R_a}{H} \leq 9{,}5 \,,$$

seine empirisch gewonnene Gl. (45) hat innerhalb dieser Grenzen Gültigkeit. Die Gl. (47) kann deshalb ebenfalls innerhalb dieses Intervalls als gültig betrachtet werden, im folgenden wird darüber hinaus angenommen, daß sie allgemeine Gültigkeit habe, also weder von $\frac{R_i}{H}$ noch $\frac{R_a}{H}$ abhängig sei.

e) **Einfluß von R_i.** Denkt man sich im Netz Abb. 16 den Brunnenschacht schrittweise dergestalt erweitert, daß die neuen Ränder mit den Potentiallinien $\varphi_8, \varphi_7, \cdots$ usw. zusammenfallen, so erkennt man, daß der Wasserspiegel im Brunnen bei konstanter, dem Netz entsprechender Schüttung, jeweils auf *der* Höhe liegen muß, die der den Schacht begrenzenden Potentiallinie entspricht. Das ΔR_i, worum vom ursprünglichen bis zur Erweiterung R_i vergrößert wird, ist, da die Potentiallinien krummlinig sind, eine Funktion von z.

Angenähert läßt sich jedoch über die ganze Höhe ein mittleres ΔR_i bestimmen, dem bei derselben Entnahme die jeweilige neue Wasserspiegelhöhe $h'_{\varphi n}$ zugeordnet werden kann.

Unter der Voraussetzung der Allgemeingültigkeit der Gl. (47) läßt sich das jeweilige, dem neu entstandenen Brunnen entsprechende $Q_{max\, n}$ berechnen. Dasselbe läßt sich auch für Netz Abb. 13 durchführen.

Trägt man $\dfrac{R_i}{H}$ über $\dfrac{Q_{max\, n}}{Q_{max\, 1}}$ auf, so müssen die aus beiden Netzen gewonnenen Kurven zusammenfallen.

ΔR_i wird so bestimmt, daß das durch die Potentiallinie, den Brunnenschacht und die durch den oberen und unteren Endpunkt der Potentiallinie gehenden Parallelen zur r-Achse eingeschlossene Flächenstück durch ein gleichhohes flächengleiches Rechteck ersetzt wird, dessen Breite man als das gemittelte ΔR_i annimmt. Diese Art der Mittelbildung wird gewählt, um eher eine zu kleine als eine zu große Schüttungszunahme zu erhalten.

Auf Abb. 21 sind über $\dfrac{R_i}{H}$ die Werte für $\dfrac{Q_{max\, \varphi n}}{Q_{max\, R_i = 0{,}0875\, H}}$ eingetragen. Erwartungsgemäß liegen alle Punkte nahezu auf einer Linie. Die aus Brunnen 3 gewonnenen liegen anfänglich etwas tiefer als die anderen, da die Art der Berechnung von ΔR_i am Anfang offenbar zu große Werte liefert. Für kleinere Werte als $\dfrac{R_i}{H} = 0{,}0875$ können keine Angaben gemacht werden. Die Kurve ist von $\dfrac{R_i}{H} > 0{,}125$ an praktisch geradlinig, für kleinere krümmt sie sich gegen den Koordinatenursprung hin. Man erkennt, daß mit wachsender Brunnenplumpheit, $\dfrac{R_i}{H}$ sei so bezeichnet, die Schüttung zunimmt, die

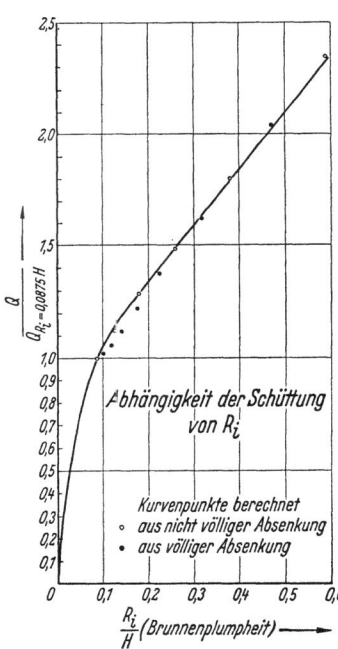

Abb. 21. Abhängigkeit der Schüttung des vollkommenen Brunnens von R_i.

Schüttungszunahme im Intervall

$$0 \leq \frac{R_i}{H} \leq 0{,}09$$

jedoch abnimmt, um von da an bis über den Wert $\frac{R_i}{H} = 0{,}7$ hinaus konstant zu bleiben. Diese Kurve gilt an sich nur für

$$\frac{R_a}{H} = \frac{0{,}95}{0{,}4} = 2{,}375 \ .$$

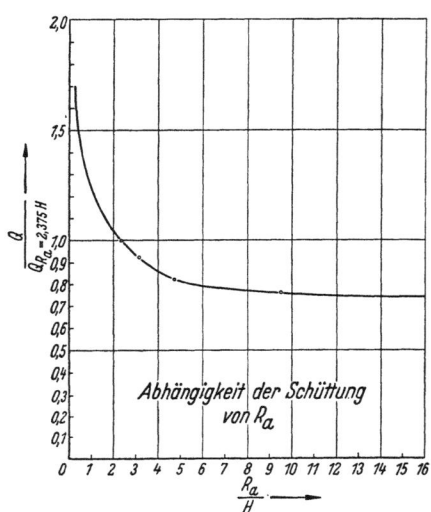

Abb. 22. Abhängigkeit der Schüttung des vollkommenen Brunnns von R_a.

Doch wird zumindest qualitativ ihr Verlauf für beliebige $\frac{R_a}{H}$ erhalten bleiben.

f) Einfluß von R_a. Auf der Abb. 20 der oben erwähnten EHRENBERGERschen Veröffentlichung sind für gleiches R_a die Ergiebigkeitslinien bezogen auf die Brunnenspiegelhöhen h' für verschiedene H und R_i-Werte aufgetragen. In der folgenden Tabelle 1 sind einander zugeordnete Werte, die aus der EHRENBERGERschen Arbeit entnommen sind, eingetragen und die jeweiligen $Q_{max\,H_n}$ auf die gleiche Höhe H_1 mittels Gl. (43) umgerechnet zu $Q_{max\,H_1n}$.

Tabelle

1)	2)	3)	4)	5)
Ordnungszahl n	R_a (aus EHRENBERGERS Kurvenblatt)	H (aus EHRENBERGERS Kurvenblatt)	$\frac{R_a}{H} = \frac{2)}{3)}$	$Q_{max\,H_n}$ (aus EHRENBERGERS Kurvenblatt)
1	0,95	0,40	2,3750	2140
2	0,95	0,30	3,1667	1222
3	0,95	0,20	4,7500	560
4	0,95	0,10	9,5000	175

Der dem jeweiligen $\frac{R_i}{H}$ entsprechende Wert $\frac{Q_{max}\varphi n}{Q_{max}\,R_i\,=\,0{,}0875\,H}$ wurde aus Abb. 21 herausgegriffen und ebenfalls eingetragen. Unter der Voraussetzung, daß die Kurve auf Abb. 21 von $\frac{R_a}{H}$ unabhängig ist, muß das in Spalte 11 angegebene $\frac{Q}{Q_{\frac{R_a}{H}=2{,}375}}$ den Einfluß des wachsenden $\frac{R_a}{H}$ angeben. Auf Abb. 22 ist $\frac{Q}{Q_{\frac{R_a}{H}=2{,}375}}$ über $\frac{R_a}{H}$ aufgetragen. Man erkennt, wie sich dieser Quotient für wachsendes $\frac{R_a}{H}$ rasch einem Grenzwert nähert, der etwa bei 0,75 des Wertes für $\frac{R_a}{H} = 2{,}375$ liegt.

Unter der Annahme, daß Gl. (47), die auf Abb. 23 nochmals aufgetragen ist, sowie die auf den Abbn. 21 und 22 für den vollkommenen Brunnen angegebenen Kurven nicht nur im angegebenen Intervall sondern allgemein Gültigkeit haben, sind für den vollkommenen Brunnen alle Zusammenhänge für beliebige Q, H, R_i, R_a, h' und k_f gegeben.

Ungelöst bleibt lediglich die Bestimmung der geometrischen Form der freien Ober-

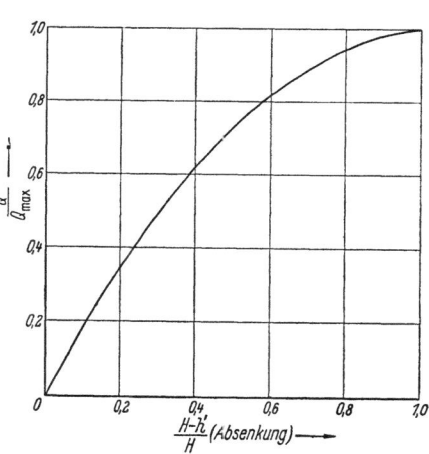

Abb. 23. Abhängigkeit der Schüttung des vollkommenen Brunnens von der Wasserspiegelabsenkung.

1.

6)	7)	8)	9)	10)	11)
$\frac{H_1}{H_n} = \frac{3)_1}{3)_n}$	$Q_{max\,H_{1n}}$ $= Q_{max\,H_n}$ $\times \left(\frac{H_1}{H_n}\right)^2$ $= 5) \cdot [6)]^2$	$\frac{R_i}{H} = \frac{0{,}035}{3)}$	Ablesung von $\frac{Q}{Q_{R_i}} \frac{}{H} = 0{,}0875$ für $\frac{R_i}{H}$ aus Abb. 21	$\frac{Q_{max\,H_{1n}}}{Q_{max\,H_{11}}}$ $= \frac{7)_n}{7)_1}$	$\frac{10)}{9)} =$ Einfluß von $\frac{R_a}{H}$ $= \frac{Q}{Q_{R_a=2{,}375H}}$
1	2140	0,0875	1,000	1,000	1,000
1¹/₃	2175	0,1167	1,090	1,012	0,927
2	2240	0,1750	1,268	1,042	0,822
4	2800	0,3500	1,711	1,302	0,761

fläche sowie sonstiger Einzelheiten des Strömungs- und Geschwindigkeitsfeldes.

Zur Beantwortung der Frage, ob die Annahme der Allgemeingültigkeit der genannten Kurven richtig ist und zur Bestimmung des genaueren Verlaufs der Kurven wäre es erforderlich, durch Versuche sowie durch weitere theoretische Lösungen mit dem Netzverfahren oder anderen geeigneten Mitteln zusätzlich Kurvenpunkte zu bestimmen.

g) Einfluß von T. Aus den Netzen läßt sich erkennen, daß die Schüttungszunahme bei wachsendem T für $T = H$ ihr Maximum hat, um dann recht rasch abzuklingen und sich asymptotisch null zu nähern. Da nur 2 Netzpaare vorhanden sind, für Q_{max} also nur 2 Punkte, läßt sich genaueres über den quantitativen Verlauf der Schüttungszunahme nicht angeben. Die Annahme, daß die für Brunnen 2 ermittelte Schüttung schon nahezu den Grenzwert darstellt, scheint gerechtfertigt. Man kann etwa sagen, daß im betrachteten Fall, d. h. für

$$\frac{R_a}{H} = \frac{0{,}950}{0{,}4},$$

$$\frac{R_i}{H} = \frac{0{,}035}{0{,}4}$$

und

$$\frac{T}{H} \to \infty$$

$$\frac{Q_{max\ unvollk.}}{Q_{max\ vollk.}} \sim 1{,}65$$

wird.

Den Einfluß des wachsenden T auf die Schüttung als Funktion der Absenkung zeigt, wie schon oben angegeben, Abb. 19.

G. Zusammenfassung.

Das graphische Verfahren zur Bestimmung der Strömungs- und Geschwindigkeitsfelder axialsymmetrischer Potentialströmungen zeigt sich als brauchbares, wenn auch mühsames Mittel zur Lösung des Problems des vollkommenen und unvollkommenen Brunnens, nachdem die für diese Strömungen gültigen Randbedingungen, darunter besonders die Existenz der Sickerstrecke und einiger singulärer Punkte, festgelegt sind.

Der Vergleich der theoretisch ermittelten Werte für den vollkommenen Brunnen mit den Ergebnissen von Modellversuchen EHRENBERGERS läßt eine sehr gute Übereinstimmung von Theorie und Versuch erkennen, womit der Nachweis der Anwendbarkeit des DARCYschen Gesetzes auch für diese Sickerströmung erbracht ist. Die mittels der theoretischen Untersuchungen gefundenen Erkenntnisse zeigen den qualitativen Einfluß der verschiedenen, einen Brunnen bestimmenden Größen sowohl auf die Brunnenschüttung als auch auf die Form der freien Oberfläche des abgesenkten Grundwasserspiegels.

Durch Auswertung der theoretisch ermittelten Strömungs- und Isotachennetze zusammen mit den Versuchsergebnissen EHRENBERGERS wird eine vollständige quantitative Lösung des Problems des vollkommenen Brunnens gegeben, ausgenommen die Form der freien Oberfläche.

Zur vollständigen quantitativen Lösung auch der Probleme des unvollkommenen Brunnens ist es notwendig, mit dem graphischen Verfahren oder anderen geeigneten Mitteln weitere Untersuchungen anzustellen.

MIX
Papier aus verantwortungsvollen Quellen
Paper from responsible sources
FSC® C105338

If you have any concerns about our products,
you can contact us on
ProductSafety@springernature.com

In case Publisher is established outside the EU,
the EU authorized representative is:
**Springer Nature Customer Service Center GmbH
Europaplatz 3, 69115 Heidelberg, Germany**

Printed by Libri Plureos GmbH
in Hamburg, Germany